湖南省科技厅社会发展科技处课题《基于成功老化就地老化理念的住区规划设计研究》(课题编号：201233440607) 资助

基于成功老化理念的住区规划研究

席宏正　凌美秀　编著

北　京
冶　金　工　业　出　版　社
2014

内 容 提 要

本书基于成功老化理念，从养老模式和住区规划层面介绍老龄化趋势下可借鉴的经验和做法，探讨成功老化的社会认同和自我认同。全书共分5章，主要内容包括：我国老龄化面临的困境；湖南省老年人养老意愿调研；中外养老模式的比较；适老住区的规划研究；成功老化。

本书可为研究老龄化的同行提供参考，也可供高等院校城市规划、公共安全管理、社会保障等相关专业的师生阅读。

图书在版编目(CIP)数据

基于成功老化理念的住区规划研究/席宏正，凌美秀编著.—北京：冶金工业出版社，2014.3

ISBN 978-7-5024-6458-5

Ⅰ.①基… Ⅱ.①席… ②凌… Ⅲ.①居住区—城市规划—研究—湖南省 Ⅳ.①TU984.12

中国版本图书馆CIP数据核字(2014)第027866号

出 版 人 谭学余
地　　址 北京北河沿大街嵩祝院北巷39号，邮编100009
电　　话 (010)64027926 电子信箱 yjcbs@cnmip.com.cn
责任编辑 廖 丹 美术编辑 杨 帆 版式设计 孙跃红
责任校对 郑 娟 责任印制 李玉山
ISBN 978-7-5024-6458-5
冶金工业出版社出版发行；各地新华书店经销；北京慧美印刷有限公司印刷
2014年3月第1版，2014年3月第1次印刷
169mm×239mm；11.25印张；218千字；171页
36.00元

冶金工业出版社投稿电话：(010)64027932 投稿信箱：tougao@cnmip.com.cn
冶金工业出版社发行部 电话：(010)64044283 传真：(010)64027893
冶金书店 地址：北京东四西大街46号(100010) 电话：(010)65289081(兼传真)
(本书如有印装质量问题，本社发行部负责退换)

前　言

老龄化的研究始于老年病理学领域，之后人们在经济学、人口学、社会学等各个领域对老龄化进行了研究。在经济学领域，人们研究老年人的经济收入、消费与储蓄；在人口学领域，人们研究老年人口的特征、老龄化的成因、发展趋势、人力资源；在社会学领域，人们研究养老模式、社会保障体系和社会福利等。人们在这些领域对老龄化的研究取得了丰硕的成果，但在养老文化和城市规划的层面对老龄化关注或研究的程度还不够。

农耕文化和多子女家庭模式奠定了我国反哺式家庭养老的基础，而欧美等经济发达国家工业化社会的高度发展完善了其社会化接力棒式的养老制度。随着全球一体化时代的到来，中外养老模式也有许多可以相互借鉴的地方。当前，我国老龄化的各种问题渐渐凸显，在严峻的现实状况下，如何建立有效的养老模式，是本书探究的内容之一。

在城市规划设计中，基于对老龄化的研究，以往谈得最多的是无障碍设计，但总是混淆老年人和残障人士对无障碍的要求，甚至无障碍设计的相关规范标准也未将两者加以区分。本书首先对老年人的需求进行调查，了解他们对住宅和居住环境的要求和期望，结果表明，由于经济能力、身体状况、生活习惯的不同，老年人对住宅和居住环境的要求和期望还是有差异的，但有一个共同点就是希望居家养老，这是中华民族传统文化思想的体现。为此，本书详尽介绍了现有住区改造成为适老住区的措施，具体包括总体目标、道路规划、户外空间和住宅优化设计等。适当的改造不仅可以降低养老成本、减轻社会负担、帮助老年人实现居家养老的愿望，还能够帮助老年人提高生活自理能力，维护老年人的尊严，实现老年人的成功老化。

成功老化即个体成功适应老化过程。从个体的角度来说，每一位老年人都希望有一个幸福的晚年。本书最后探讨了成功老化的社会认同和自我认同。

两年断断续续的写作，两年懵懵懂懂的思考，才有了一点感悟。谨以此书献给尊敬的长辈和即将步入老年的我们。在本书的编写过程中，感谢湖南大学建筑学院章静付出的辛勤劳动，此外本书参考了大量的文献，在此对文献作者表示诚挚的谢意。本书的出版得到了湖南省科技厅、湖南大学图书馆的大力支持，在此一并致谢。

由于作者水平有限，书中的不妥之处，还望同行和读者批评指正。

作　者
2013年11月
于湖南大学

目 录

1 我国老龄化面临的困境

老龄化已是我们共同的话题。社会人口老龄化所带来的问题，不仅与老年人自身相关，更涉及政治、经济、文化和社会发展等诸多方面，包括社会负担加重，医疗保健、服务需求突出，劳动力资源不足，适老住区匮乏等一系列问题。这些都值得我们关注和思考，并逐一解决。

1.1 我国老龄化的现状及带来的压力

1.1.1 老龄化的现状

当前我国老龄化的现状是少子化和高龄化。

1.1.1.1 少子化

从宏观上讲，少子化既可以指一个社会少年儿童人口（0~14岁人口）绝对数的减少，也可以理解为少年儿童人口相对数（即少儿人口占总人口比例）的下降。从总和生育率的角度讲，少子化指的是生育率低于人口更替水平的状态。

1982年第三次全国人口普查的数据显示，我国0~14岁的人口为5.0亿，占当时总人口的35%；1990年第四次全国人口普查时，我国0~14岁的人口为3.13亿，占当时总人口的27.96%；2000年第五次全国人口普查时，我国0~14岁的人口为2.89亿，占当时总人口的22.89%；2010年第六次全国人口普查的数据显示，我国0~14岁的人口为2.22亿，占总人口的16.60%[1]。与此同时，少儿占总人口的世界平均比例为27%，我国已经属于严重少子化。1982~2010年全国少儿人口绝对数变化情况如图1-1所示；1982~2010年全国少儿人口相对数变化情况如图1-2所示。

我国少子化受一胎政策的影响，生育观的改变也是少子化的重要原因。我国几千年来一直承袭“多子多福”的生育观，孝道伦理也是建立在多子女的基础上——“不孝有三，无后为大”。在农业社会中，人们信奉“男耕女织、养儿防老”。然而随着工业化的发展和世界文化的交融，女性生育观已经在悄然变化。女性的社会地位、经济地位的提高，使得女性追求男女平等的意识增强，不甘心再做生育工具；社会的进步为越来越多的婚前女性带来就业机会，更多的女性将育儿当成事业障碍，尽可能推迟生育年龄。养育孩子后，母亲有失去工作机会和

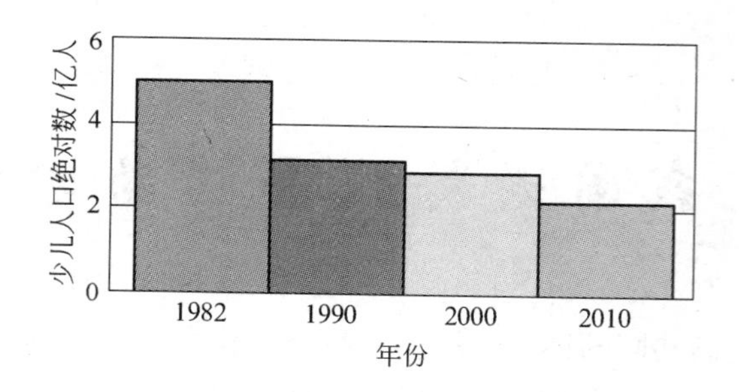

图 1-1　1982～2010 年全国少儿人口绝对数变化情况

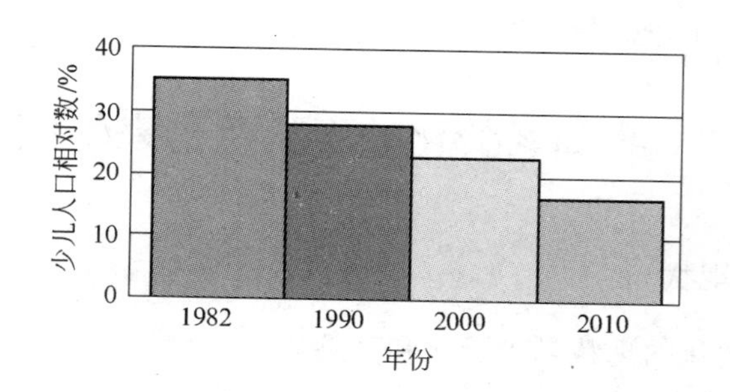

图 1-2　1982～2010 年全国少儿人口相对数变化情况

收入的风险，使得家庭负担加重；孩子的拖累也会使得年轻父母无法尽情享受以往的安逸生活。年轻人晚婚晚育或不婚不育导致少子化的趋势难以改变[2]，某种程度上说，这是关系国家命运的最危险的潜在因素。

少子化将带来一系列社会问题，诸如劳动人口减少，劳动力资源不足，经济增长率降低等。尤其是养老压力的增大，不可避免地加重了医疗、福利等社会保障系统的负担。

1.1.1.2　高龄化

计划生育政策实施后，少年儿童人口比重开始下降，与此同时，老年人口的数量和在总人口中所占的比例上升，人口老龄化由此显现。1982～2000 年，60 岁及以上的老年人口系数❶由 1982 年的 4.9% 上升到 2000 年的 7.1%，65 岁及以上的老年人口系数则从 8.1% 上升到 10.5%；老龄化指数❷也由 1982 年的 14.6%

---

❶老年人口系数，指达到既定年龄的老年人口数占总人口的百分比，亦称“老年比”。显而易见，老年人口系数也就是老年人口所占的比例，由于它最直观地表达出人口老龄化的基本涵义，因此又称为“老龄化系数”。该指标被视为现今参量人口老龄化程度最直接、最常用也最具代表性的重要指标。老年人口系数的高低变化形象地反映出老龄化进程的快慢程度。

❷老龄化指数，指某年度人口平均年龄与其人口平均预期寿命之比，是一个反映人口老龄化程度的指标。

上升到2000年的33.5%[3]。2000～2010年，计划生育政策导致的生育率下降对人口年龄结构造成的影响已经充分显示出来，使这一阶段成为老年人口增长最快、老龄化速度最快的时期。2035年以后，预计我国总人口增长将非常缓慢，甚至在2045年以后出现负增长[3]。

根据联合国提出的标准，65岁以上老年人口比重超过7%的国家即为人口老龄化国家。国家统计局发布的《2010年国民经济和社会发展统计公报》显示，2010年末全国总人口134100万人。2030年前后我国将进入人口老龄化高峰。1990～2010年我国老年人口变化情况如表1-1所示。

表1-1 1990～2010年我国老年人口变化情况

年　份	1990	2000	2009	2010
65岁及以上人口总数量/万人	6368	8821	11309	11883
65岁及以上人口占总人口比重/%	5.6	7.0	8.5	8.9
老年抚育比①/%	8.3	9.9	11.6	11.9

①抚养比又称抚养系数，是指在人口当中，非劳动年龄人口与劳动年龄人口数之比。

我国的劳动年龄人口预计在2015年后开始减少，到2050年，被称为“银发人群”的60岁及以上人口将从2010年的约1.65亿激增至近4.4亿，这将占到总人口数的34%左右[4]。

1.1.2 老龄化带来的压力

1.1.2.1 社会活力降低，社会负担加重

在我国人口“少子化”的同时，老年人口高龄化也在日益加深。老龄化导致工作热情减少，社会活力降低，而且降低了整个社会吸收新知识和新观念的速度和技术创新能力[5]。

我国人口老龄化将导致劳动人口年龄结构的老化。目前我国15～29岁劳动人口数量的比重从1990年的48.6%下降到35%左右，下降了13.6%。与此同时，45～59岁劳动人口数量的比重从1990年的18.9%上升到28.2%，上升了9.3%。由此可知，我国劳动人口内部的年龄结构出现了老化[6]。

少子化导致的家庭结构的简化与人口老龄化，尤其是老年人高龄化所带来的养老压力是我们不得不面临的问题。在未来数十年中，我国将应对大量离开劳动力队伍的退休人员，医疗成本将以惊人的速度上升。由于老年人需要更多医疗保健，这将给年轻一代带来庞大的医疗费用负担，可能导致巨大的政府财政赤字。不断扩大的养老费用支出，同样导致高额的保险费用；劳动力严重短缺造成经济总产出下降，有可能导致经济更加困难。应对老龄化社会，老年人口将需要长期的养老金支出和医疗保健服务，社会负担进一步加重。

1.1.2.2　社会服务模式亟待改变

目前，我国社区不承担老年人的经济供养以及日常护理责任，社区服务模式是福利型的，这种福利型思维模式大大约束了社区服务的发展，社区常常因为资金不足而使老年人的福利服务范围变得十分狭小，老年人从社区中所能获得的帮助也极为有限[7]，而家庭养老的难度日益凸显，迫切需要社区参入。

目前这种福利型的社区服务，不能解决老年人的根本需要，社会服务模式亟待改变。解决老年人的生活照料问题尤其需要一支人员稳定、业务能力强的专业化队伍。社区养老服务除了有专业工作人员之外，还应有相应的志愿者服务队伍作为支撑。有的街道社区通过组织学生、家庭主妇等为老年人提供综合性的福利服务；鼓励健康的低龄老年人组建自己的志愿者队伍，为高龄老人、孤寡老人等有困难的老年人提供帮助，增进社区老年人之间的交流与互助，是值得肯定和借鉴的。

1.2　应对老龄化的住区开发模式

1.2.1　养老机构模式

我国民营养老机构的开发以独立老年社区为主，开发经营者多为企业或私人，以营利为主要目的，由于政府税收政策的支持到位受到诸多阻碍，为了完善内部配套设施，开发经营者增加开发运营成本，也导致入住成本的提升[8]。

以长沙市为例，60 岁及以上的老年人约有 110 万，按照 3% 的比例入住养老机构，约需要 3 万张床位。而长沙市现有养老机构 31 家，其中民营 21 家、集体经营 1 家、公办 9 家，共计床位 1.5 万张，远远满足不了老年人的入住请求。在这些养老机构中，民营企业已占 2/3，大部分号称“湖南省内规模最大，设施配备最全，环境最好，医疗最完善，离市区最近……”，然而它们看重的是养老机构的商业价值，势必导致其入住价格不菲。据调查，这些机构仅押金一项就需 2 ~ 5 万元，月租金也是 3000 ~ 6000 元。我国老年人目前的养老费用以养老金和子女供养为主，经济收入有限，类似的民营养老机构难以普惠平民。社会要解决绝大部分老年人老有所养、老有所居的问题，因此大量开发高档养老机构绝非明智之举。

现有法规中对非营利养老组织有优惠政策，包括税收、水、电、燃气等多个面向养老机构的优惠，但在实际执行中因涉及多部门利益，除税收方面的优惠政策落实得比较好以外，水、电、燃气等方面很难落实到位。此外，民营养老机构的运作规范等明显缺失，这也极不利于其进一步发展。

目前长沙市公办养老机构入住价格相对低廉，月租金约 1500 ~ 3000 元不等，设施也较为完善，在一般家庭的承受能力之内，但床位更加紧张，远不能满足老年人的入住需要。

长沙市唯一一家集体经营的养老机构，接受对象为生活能够自理的老年人，而身体状况较好的大多数老年人却正是希望居家养老的人群。

1.2.2 适老社区模式

1.2.2.1 适老社区的发展现状

仍以长沙市为例，可以看出，养老机构仅担负着1.5%的老年人的照顾责任，另外98.5%的老年人还是居家养老，居住于社区之中。因此，老年人对于适老社区的要求更为迫切。适合老年人居住的社区必须满足以下三方面的条件：

（1）居住环境，包括适应老年人行为的居住房屋、公共设施、户外活动空间和安全设施等。人的老化是一个渐变的过程，居住环境需要随之适应。这就需要预留更多的、可以改造的空间，以适应人们从壮年到老年乃至需要护理的各个不同的年龄阶段。要有适合老年人居住的硬件设施。目前无障碍居住建筑还很缺乏。

（2）服务，包括针对老年人的家政服务、护理服务等。新型的社区服务模式是资源型的，它主张由社区内的居民积极将自己可共享的资源拿出来给大家共同分享，由于来源的多样性，大大增加了资源的可利用率。使社区内的每一个普通的居民都能享受到社区的服务，社区服务的层次性扩大，接受服务的群体也更为广泛。同时，社区居民也在这种资源共享的过程中加强了彼此的联系，自觉将自己融入社区的集体中，对社区产生一种归属感和责任感，作为主人愿意为其发展和荣誉做出自己的贡献。在今后较长一段时间内，如果政府投入资金有困难，这种社区服务的思维模式的转变将在很大程度上改善和弥补养老资金的不足[7]。但是，现行的社区服务仍集中于某些特殊的人群，如社区内的军烈属、孤寡老人，而且是间断式的，难以持续，难以给需要服务的老年人形成长期依靠。

（3）保障，包括经济保障、医疗保障、养老方式保障、服务保障等方面，如图1-3所示[9]。目前已初步形成了以《中华人民共和国宪法》和有关基本法律为依据的老龄政策体系。但老龄政策的内容局限于老年人的经济供养、医疗保健等；功能也比较单一，主要集中在保障老年群体的权利和福利方面[6]。社区仅对低保老年人承担经济保障义务，对于大部分老年人需要的介入性帮助、精神慰藉、临终关怀等方面很少涉及。

实际上，我国适老社区是非常匮乏的。2012年修订的《中华人民共和国老年人权益保障法》明确要求“建立和完善以居家为基础、社区为依托、机构为支撑的社会养老服务体系”，“应当将养老服务设施纳入城乡社区配套设施建设规划，建立适应老年人需要的生活服务、文化体育活动、日间照料、疾病护理与康复等服务设施和网点，就近为老年人提供服务”。大力提倡社区协助养老，这是在社会发展的基础上，对家庭养老和机构养老的进一步完善而形成的。如果能

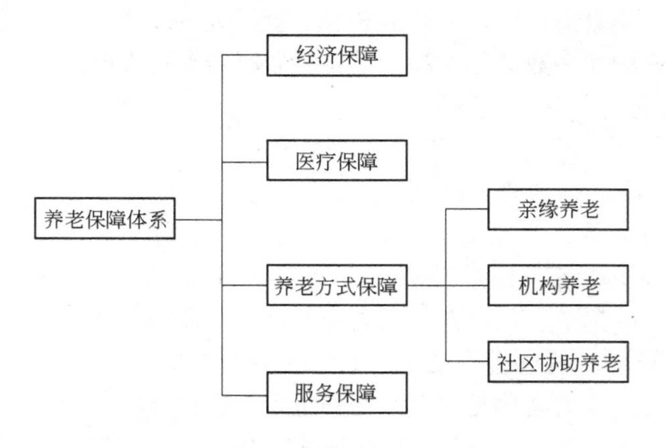

图 1-3　养老保障体系框架

够将专业养老平台和机制引入社区，将能提高社区居家养老服务质量和专业化水平，促进适老社区的发展。

在少子化、高龄化背景下，传统的养老模式已无能为力，社区居家养老模式因其固有的经济成本低、社会效益显著、人文关怀性强的特点，成为化解人口老龄化风险的一剂良方[10]。

1.2.2.2　适老社区的服务体系

适合老年人居住的社区并不需要另外开发养老社区，而是满足老年人在其长期生活的原居住地一直生活下去。因此适老社区是对当今一般居住区的一种根本性功能提升，某种程度上也是房地产业和养老服务业的一次革命。

我国目前有《老年人建筑设计规范》（JGJ 122—1999），但其仅从建筑角度切入，因此还缺乏适老社区的规划设计规范和标准。应对老龄化趋势的乡镇社区规划策略，是该目标探讨的核心问题。

适老社区为老年人提供的服务包括物质生活照料、文化娱乐、家政服务、医疗保健和心理慰藉等方面，建立适老社区养老服务体系的重要内容是服务人员专业尽职，服务方式因人而异，服务范围则是社区内的所有老年人。适老社区的服务体系构建如下：

（1）整合社区资源，提供全面照料服务。建立健康老年人活动中心、敬老日间托付中心、失能失智集中赡养中心等多层次的社区支持系统。

（2）组织志愿者队伍定期提供上门服务。注重独居老年人的精神关爱服务，开展老年人志愿互助活动。以社区高龄老年人为重点服务对象，依托社区卫生服务中心的医疗卫生资源，组织社区医生上门为老年人诊疗，开展社区老年人健康检查。在辖区内养老机构开展临时服务，向社区急难老年人家庭提供帮扶。

（3）搭建信息平台。结合医院保健系统提供的信息建立老年人健康卡，实现全天候助老服务。结合户籍管理提供的信息建立智能化信息平台、社区老年人紧急救助系统、老年人关爱服务热线，提供24小时应急服务，减少和降低老年人的意外发生率。

适老社区的服务体系如图1-4所示。

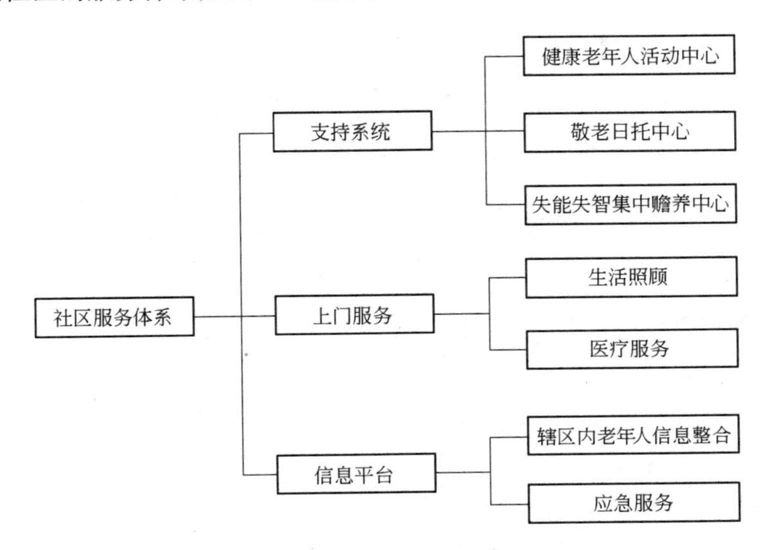

图1-4 适老社区的服务体系

2 湖南省老年人养老意愿调研

养老涉及社会、住区、家庭和个人等诸多方面，本章调研湖南省被赡养人的养老意愿以及赡养人的赡养态度和能力，为规划适老住区提供基础数据。

2.1 被赡养人和赡养人的养老规划

2.1.1 湖南省第六次人口普查数据分析

根据湖南省第六次人口普查数据分析，湖南省“未富先老”状况在全国排名靠前，高龄化、空巢化比例正在加大。

2.1.1.1 湖南省当前人口结构

根据全国第六次人口普查的数据，湖南省 2011 年底常住人口为 0.657 亿，同 2000 年第五次全国人口普查相比，十年共增加人口 0.129 亿，增长 2%，年平均增长率为 0.2%。其中 0～14 岁人口为 0.115 亿，占 17.62%；15～60 岁人口为 0.447 亿，占 67.84%；60 岁及以上人口为 0.094 亿，占 14.54%[1]。湖南省第六次人口普查人口年龄结构如图 2-1 所示。

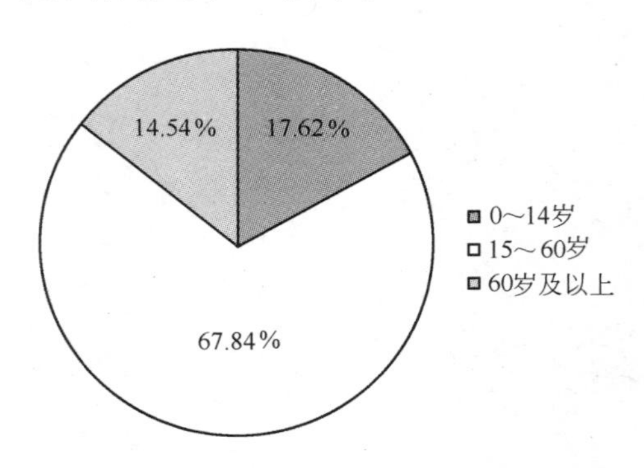

图 2-1 湖南省第六次人口普查人口年龄结构

湖南省 2011 年抚养比❶排全国第七位、少儿抚养比排全国第十二位、老年

❶抚养比又称抚养系数，是指在人口当中，非劳动年龄人口数与劳动年龄人口数之比。少儿抚养比是指少年儿童人口数与劳动年龄人口数之比。老年人口抚养比是指老年人口数与劳动年龄人口数之比。

人口抚养比排全国第四位，而2011年人均生产总值却处在第二十位[1]。湖南省2011年抚养比全国排名如表2-1所示，未富先老形势极为严峻。湖南省老年人口和高龄老年人的增长速度、家庭空巢率和失能半失能老年人比例均高于全国水平。

表2-1 湖南省2011年抚养比全国排名

地区	2011年人口/万	2011年生产总值/亿元	人均生产总值/万元	抚养比	少儿抚养比	老年人口抚养比	人均生产总值排序	抚养比排序	少儿抚养比排序	老年人口抚养比排序
天津	1355	11307.28	83448.56	25.66	13.39	12.27	1	28	29	12
上海	2347.46	19195.69	81772.17	19.27	9.88	9.39	2	31	31	25
北京	2018.6	16251.93	80510.90	21.31	10.62	10.7	3	30	30	19
江苏	7898.8	49110.27	62174.34	31.24	17.05	14.2	4	20	24	6
浙江	5463	32318.85	59159.53	26.87	16	10.87	5	26	26	17
内蒙古	2481.71	14359.88	57862.84	25.89	17.22	8.67	6	27	23	27
辽宁	4383	22226.7	50711.16	28.42	14.59	13.84	7	24	28	8
广东	10504.85	53210.28	50653.07	31.21	22.61	8.6	8	21	15	28
福建	3720	17560.18	47204.78	30.6	20.58	10.02	9	23	20	22
山东	9637	45361.85	47070.51	35.65	21.06	14.59	10	15	19	5
吉林	2749.41	10568.83	38440.36	27.27	16.19	11.07	11	25	25	15
重庆	2919	10011.37	34297.26	39.78	22.42	17.36	12	6	17	1
湖北	5757.5	19632.26	34098.58	32.3	18.93	13.38	13	18	22	10
河北	7240.51	24515.76	33859.16	34.72	23.72	11	14	17	13	16
陕西	3742.6	12512.3	33432.11	30.74	19.64	11.1	15	22	21	14
宁夏	639.45	2102.21	32875.28	35.87	28.43	7.44	16	14	6	30
黑龙江	3834	12582	32816.90	24.58	14.62	9.96	17	29	27	23
山西	3593	11237.55	31276.23	31.45	21.24	10.21	18	19	18	21
新疆	2208.71	6610.05	29927.20	36.15	27.16	9	19	12	9	26
湖南	6595.6	19669.56	29822.25	39.63	24.99	14.63	20	7	12	4
青海	568.17	1670.44	29400.36	36.04	27.98	8.06	21	13	7	29
海南	877.34	2522.66	28753.50	36.61	27.21	9.4	22	11	8	24
河南	9388	26931.03	28686.65	41.91	29.43	12.49	23	3	5	11
四川	8050	21026.68	26120.10	39.34	22.57	16.77	24	8	16	2

[1] 数据来源：《中国统计年鉴（2012年）》。

续表 2-1

地 区	2011 年人口/万	2011 年生产总值/亿元	人均生产总值/万元	抚养比	少儿抚养比	老年人口抚养比	人均生产总值排序	抚养比排序	少儿抚养比排序	老年人口抚养比排序
江西	4488.437	11702.82	26073.27	41.03	30.28	10.75	25	4	4	18
安徽	5968	15300.65	25637.82	39.85	25.2	14.65	26	5	11	3
广西	4645	11720.87	25233.30	45.99	32.07	13.93	27	2	2	7
西藏	303.3	605.83	19974.61	38.7	32	6.71	28	9	3	31
甘肃	2564.19	5020.37	19578.78	34.74	22.74	12	29	16	14	13
云南	4630.8	8893.12	19204.28	37.47	26.91	10.56	30	10	10	20
贵州	3468.72	5701.84	16437.88	49.85	36.21	13.64	31	1	1	9

2.1.1.2 高龄化和空巢化

“十二五”期间，湖南省人口老龄化将进入加速发展时期，至2015年末，60岁以上老年人口将达到1270万，比2010年底的1000万增加270万，年增长率超过5%，80岁以上的高龄老年人将超过150万，约占老年人口数的12%，比2010年底的110万增加40万。除了老龄化发展速度加快外，湖南省人口老龄化还表现出高龄化、家庭空巢化和失能、半失能老年人比例高的态势。

2000年湖南省共有空巢老年人108.3万户，比1990年增加了14.68万户，占有60岁及以上老年人家庭户总数的20.8%，占全省家庭户总数的6.1%。根据湖南省老龄办提供的2004年统计资料，全省老年家庭孤巢和空巢化严重，11.3%的老年人过着独居生活，31.65%的老年人过着空巢家庭生活，二者合计占老年人总数的42.95%[11]。空巢家庭现象日趋严重，到2010年底，湖南省城乡空巢家庭已经超过55%，在长沙等大中城市已达到70%；未来5年，空巢化趋势将进一步凸显，特别是随着农村剩余劳动力的输出，农村家庭空巢化趋势将越来越明显。

湖南省80岁以上高龄老年人中，多数人逐步进入半自理或不能自理状态。据2010年湖南省人口总数推算，2010年底，湖南省有失能半失能老年人约200万，占老年人口总数的20%，他们不同程度地需要护理照料服务。随着人口老龄化的不断加速，这个人数在不断增加。

2.1.2 老年人生活态度调查

2.1.2.1 老年人生活整体态度

老年人养老意愿调查的第一个调查是老年人生活整体态度调查。目前湖南省老年人最基本的衣、食、住、行都能得到满足，即便是缺乏赡养人提供经济援助的老年人，当地政府也会为其办理低保手续。在调查过程中，没有发现老年人吃不饱饭的情况，但在医疗康复保健方面，则不尽如人意。老年人希望一旦生病能及时得到治疗，能就近看病和治好病；希望生病期间身边有人护理和照顾；希望有人指导他们加强平时的健康保健，使其不生病或少生病，但这个愿望很难满足。此外，老年人缺乏精神寄托，干家务成为大部分老年人的主要活动（见图 2-2）[12]。

图 2-2 干家务成为大部分老年人的主要活动

湖南省老年人生活态度调查结果见表 2-2 和图 2-3。从调查结果来看，老年人的生活态度整体不错，生活态度积极的（充满激情、满意、比较满意）达到 64.5%，沮丧、悲观的占 14.4%，还有很大一部分木讷不语，占 21.1%。生活态度直接影响到老年人的生活质量，是值得我们关注和思考的问题[13]。

表 2-2 湖南省老年人生活态度调查结果

生 活 态 度	人 数	占比/%	有效占比/%	累积占比/%
充满激情	282	11.8	11.8	11.8
满意	704	29.5	29.5	41.3
比较满意	555	23.2	23.2	64.5
沮丧、悲观	344	14.4	14.4	78.9
木讷不语	505	21.1	21.1	100.0
合 计	2390	100.0	100.0	

注：此次调查发调查问卷 2390 份，收回有效问卷 2390 份，有效问卷占 100%，下同。

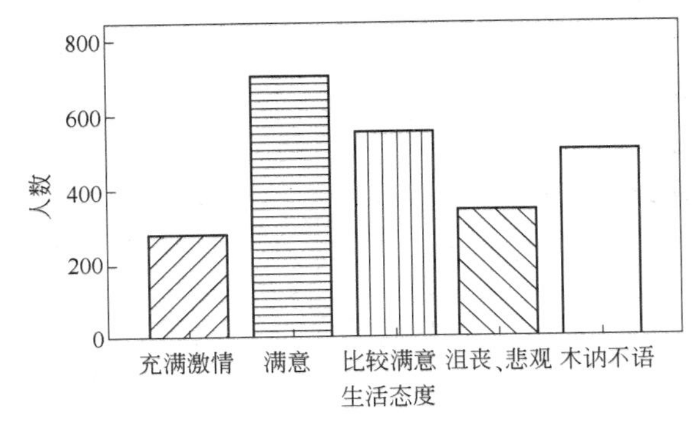

图 2-3 湖南省老年人生活态度调查结果

2.1.2.2 影响老年人生活态度的因素

在调查影响老年人生活态度的因素时，发现老年人的生活态度与身体状况和经济收入等密切相关。

A 身体状况

身体健康的老年人更容易激发活力并与人交往，表现出亲和力。然而岁月不饶人，随着年龄的增长，老年人身体各方面会发生一些衰退变化，同样影响到老年人的生活态度。王红霞、陈显久[14]在对山西省城乡老年人日常生活态度及能力的主观评价的调查中得出结论，认为山西省老年人普遍认为生活有乐趣、生活有意义、在生活中能集中注意力；疼痛等机体疾病对日常生活有轻微影响，需要一定的医疗帮助；生活环境比较安全，对健康有一定的好处。在对生活乐趣和生活意义的评价中，认为城市老年人优于农村老年人。该成果对研究湖南省老年人的生活态度有一定的借鉴作用，轻微疾病不影响老年人的情绪，但行动不便会让老年人脾气变得暴躁，对生活失去信心。笔者的调查情况也得到类似的结论，身体状况对老年人生活态度的影响见表2-3和图2-4。身体健康的老年人，对生活充满激情的比例占38.0%；生活能自理的老年人生活态度满意的占59.1%；部分失能老年人悲观情绪比例最高，占43.5%；失能老年人木讷不语情绪的比例占54.1%，木讷不语是此类群体中占比例最大的情绪，可见身体状况对生活态度的影响之大。

表2-3 身体状况对老年人生活态度的影响

项目			生活态度					合计
			充满激情	满意	比较满意	沮丧、悲观	木讷不语	
身体状况	健康	人数	265	138	204	0	90	697
		占比/%	38.0	19.8	29.3	0	12.9	100.0
		占总数的百分比/%	11.1	5.8	8.5	0	3.8	29.2
	生活自理	人数	17	440	198	0	90	745
		占比/%	2.3	59.1	26.6	0	12.1	100.0
		占总数的百分比/%	7	18.4	8.3	0	3.8	31.2
	部分失能	人数	0	98	105	276	155	634
		占比/%	0	15.5	16.6	43.5	24.4	100.0
		占总数的百分比/%	0	4.1	4.4	11.5	6.5	26.5
	失能	人数	0	28	48	68	170	314
		占比/%	0	8.9	15.3	21.7	54.1	100.0
		占总数的百分比/%	0	1.2	2.0	2.8	7.1	13.1
合计		人数	282	704	555	344	505	2390
		占总数的百分比/%	11.8	29.5	23.2	14.4	21.1	100.0

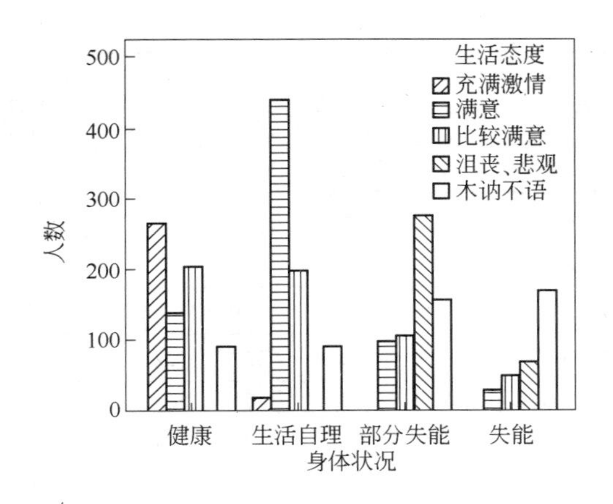

图 2-4 身体状况对老年人生活态度的影响

B 经济收入

经济收入对老年人生活态度的影响见表 2-4 和图 2-5。老年人对经济收入的渴望较年轻人弱一些，经济收入能够保障基本的生活，老年人就很满足。有自主经济收入的老年人，生活的态度更加积极；相反，靠子女赡养的老年人则更加省吃俭用。如果子女赡养不是很情愿，或者子女的经济状况不是很好，老年人的心情也会随之不好，表现出焦虑厌世的情绪。依赖养老金生活的老年人生活满意（充满激情、满意、比较满意）的比例占 63.3%，依靠自我劳动获取经济收入的老年人生活满意的比例占 51.3%，依赖子女供养的老年人生活满意的比例占 68.4%，而依赖低保生活的老年人满意的比例占 63.4%。

可以说，老年人生活态度积极的占大多数，有养老金支持的老年人充满生活激情的比例最大，占 9.3%，而依赖低保生活的老年人生活态度基本不具有激情；依赖子女供养的，子女若对父母承担赡养义务，父母满意程度高。但这与子女的经济能力关系很大，若子女经济能力有限时，父母会认为自己是累赘，生活态度也就随之低落。子女的经济能力在表 2-4 中未能体现，是该次调查的欠缺。当基本生活满足后，经济收入对老年人生活态度的影响不明显。有养老金支持的老年人沮丧情绪的比例也是最大的，这与他们转换社会角色后难以适应有一定关系。

表 2-4 经济收入对老年人生活态度的影响

项目			生活态度					合计
			充满激情	满意	比较满意	沮丧、悲观	木讷不语	
经济来源	养老金	人数	233	276	153	208	175	1045
		占比/%	22.3	26.4	14.6	19.9	16.7	100.0
		占总数的百分比/%	9.7	11.5	6.4	8.7	7.3	43.7

续表 2-4

项目			生活态度					合计
			充满激情	满意	比较满意	沮丧、悲观	木讷不语	
经济来源	自我劳动	人数	18	34	51	0	90	193
		占比/%	9.3	17.6	26.4	0	46.6	100.0
		占总数的百分比/%	8	1.4	2.1	0	3.8	8.1
	子女供养	人数	31	298	300	136	155	920
		占比/%	3.4	32.4	32.6	14.8	16.8	100.0
		占总数的百分比/%	1.3	12.5	12.6	5.7	6.5	38.5
	最低生活保障	人数	0	96	51	0	85	232
		占比/%	0	41.4	22.0	0	36.6	100.0
		占总数的百分比/%	0	4.0	2.1	0	3.6	9.7
合计		人数	282	704	555	344	505	2390
		占总数的百分比/%	11.8	29.5	23.2	14.4	21.1	100.0

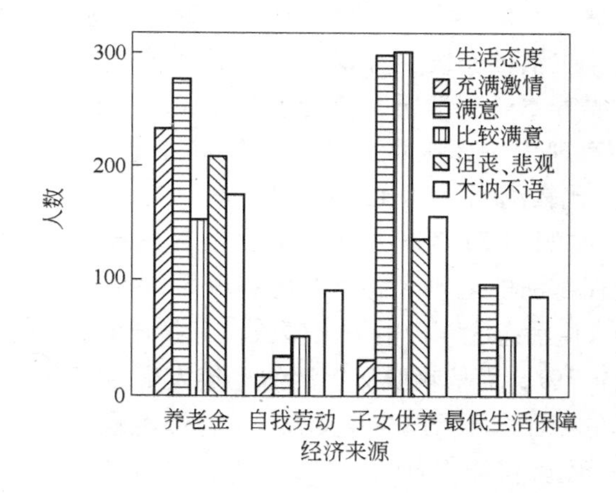

图 2-5 经济收入对老年人生活态度的影响

2.1.3 赡养人及其供养能力调查

新中国成立之后，《中华人民共和国婚姻法》明确规定：女儿和儿子同样有财产继承权和赡养老年人的义务。传统的中华孝文化也要求子女对父母尽孝道，顺从父母的意志，照顾父母的饮食起居，关心父母的疾苦，使父母经常感到子女的爱等[15]。为此，笔者团队抽样调查了子女对老年人的赡养态度和赡养能力。

2.1.3.1 子女对老年人的赡养态度

子女对父母的赡养意愿调查结果见表 2-5 和图 2-6。调查结果表明，“居家亲自赡养父母”的意愿占60%，“住养老院护工护理”的占21.7%，“由父母本人决定”的占18.3%。调查结果还显示，子女对老年人的赡养态度受老年人的身体状况以及赡养人的职业和年龄的影响较大。

表2-5 子女对父母的赡养意愿调查结果

赡养意愿	人数	占比/%	有效占比/%	累积占比/%
居家亲自赡养	360	60.0	60.0	60.0
住养老院护工护理	130	21.7	21.7	81.7
由父母本人决定	110	18.3	18.3	100.0
合计	600	100.0	100.0	

注：此次调查发调查问卷600份，收回有效问卷600份，有效问卷占100%，下同。

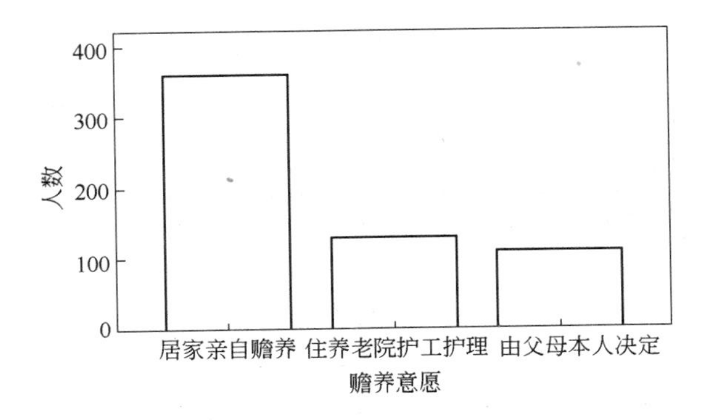

图2-6 子女对父母的赡养意愿调查结果

A 被赡养人身体状况

父母身体状况对子女赡养意愿的影响见表2-6和图2-7。当父母身体健康时，子女愿意亲自赡养的占87.5%，愿意由父母本人决定的占12.5%，此时没有人

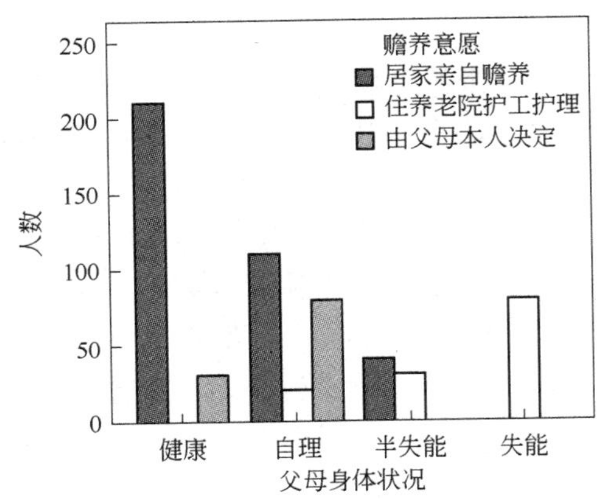

图2-7 父母身体状况对子女赡养意愿的影响

考虑父母住养老院；当父母生活能够自理时，子女愿意亲自赡养的占52.4%，愿意由父母本人决定的占38.1%；当父母日常生活不能完全自理，需要部分帮助时，子女愿意亲自赡养的占57.1%；当父母失能，完全需要护理时，几乎无子女愿意亲自赡养了。若父母部分失能或完全失能，则无子女愿意由父母本人决定自己的养老处，此时子女更多的是从自己的角度考虑如何赡养父母，而不是从父母的角度考虑。可见，父母的身体状况影响子女的赡养方式。

表2-6　父母身体状况对子女赡养意愿的影响

项目			赡养意愿			合计
			居家亲自赡养	住养老院护工护理	由父母本人决定	
父母身体状况	健康	人数	210	0	30	240
		占比/%	87.5	0	12.5	100.0
		占总数的百分比/%	35.0	0	5.0	40.0
	自理	人数	110	20	80	210
		占比/%	52.4	9.5	38.1	100.0
		占总数的百分比/%	18.3	3.3	13.3	35.0
	半失能	人数	40	30	0	70
		占比/%	57.1	42.9	0	100.0
		占总数的百分比/%	6.7	5.0	0	11.7
	失能	人数	0	80	0	80
		占比/%	0	100.0	0	100.0
		占总数的百分比/%	0	13.3	0	13.3
合计		人数	360	130	110	600
		占总数的百分比/%	60.0	21.7	18.3	100.0

B　赡养者的职业

赡养者的职业对赡养意愿的影响见表2-7和图2-8。自由职业者愿意亲自赡养父母的占30%，接受社会服务，让父母住养老院的占50%，愿意由父母本人决定的占20%；工薪族愿意亲自赡养父母的占63.6%，接受社会服务，让父母住养老院的占22.7%，愿意由父母本人决定的占13.6%；农民愿意亲自赡养父母的占67.9%，接受社会服务，让父母住养老院的占10.7%，愿意由父母本人决定的占21.7%。从亲自赡养父母意愿的调查来看，农民所占的比例最高，这与传统思想的影响有关。但是由于大量农村劳动力外流，导致农村空巢老年人骤增。子女虽有侍奉父母的意愿，但实际能在父母身边的并不多，只能由老年人自己安排养老生活，农村养老的压力更大，政府基层组织需要付出更大的努力。此外，愿意亲自赡养父母的农民主要是儿子（当调查问卷由女性填写时，她们指的赡养对象是夫家父母，而不是自己的父母），这在调查表中未反映出来，是调查表格设计的不足。在尊重父母本人的态度上，自由职业者占的比例最高，为20%，调查中性别区分不明显。

表 2-7 赡养者的职业对赡养意愿的影响

项目			赡养意愿			合计
			居家亲自赡养	住养老院护工护理	由父母本人决定	
职业	自由职业	人数	30	50	20	100
		占比/%	30.0	50.0	20.0	100.0
		占总数的百分比/%	5.0	8.3	3.3	16.7
	工薪族	人数	140	50	30	220
		占比/%	63.6	22.7	13.6	100.0
		占总数的百分比/%	23.3	8.3	5.0	36.7
	农民	人数	190	30	60	280
		占比/%	67.9	10.7	21.4	100.0
		占总数的百分比/%	31.7	5.0	10.0	46.7
合计		人数	360	130	110	600
		占总数的百分比/%	60.0	21.7	18.3	100.0

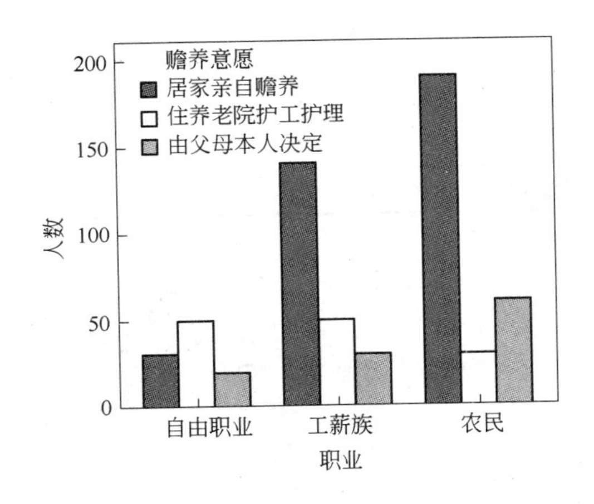

图 2-8 赡养者的职业对赡养意愿的影响

C 赡养者的年龄

赡养者的年龄对赡养意愿的影响见表 2-8 和图 2-9。赡养者在 20～29 岁年龄段时，父母都较为年轻，可以自食其力，所以子女尚未涉及赡养的难度问题，都是愿意亲自赡养父母的；在 30～39 岁年龄段，愿意亲自赡养父母的比例高达 85.0%；在 40～46 岁年龄段，愿意亲自赡养父母的比例仍有 66.7%；在 50～59

岁年龄段，该比例下降到23.5%；到60~69岁年龄段，作为子女照顾父母就很困难了，他们更愿意父母住养老院，这个比例在笔者的调查中达100%。

表2-8 赡养者的年龄对赡养意愿的影响

项目			赡养意愿			合计
			居家亲自赡养	住养老院护工护理	由父母本人决定	
年龄	20~29岁	人数	10	0	0	10
		占比/%	100.0	0	0	100.0
		占总数的百分比/%	1.7	0	0	1.7
	30~39岁	人数	170	10	20	200
		占比/%	85.0	5.0	10.0	100.0
		占总数的百分比/%	28.3	1.7	3.3	33.3
	40~49岁	人数	140	10	60	210
		占比/%	66.7	4.8	28.6	100.0
		占总数的百分比/%	23.3	1.7	10.0	35.0
	50~59岁	人数	40	100	30	170
		占比/%	23.5	58.8	17.6	100.0
		占总数的百分比/%	6.7	16.7	5.0	28.3
	60~69岁	人数	0	10	0	10
		占比/%	0	100.0	0	100.0
		占总数的百分比/%	0	1.7	0	1.7
合计		人数	360	130	110	600
		占总数的百分比/%	60.0	21.7	18.3	100.0

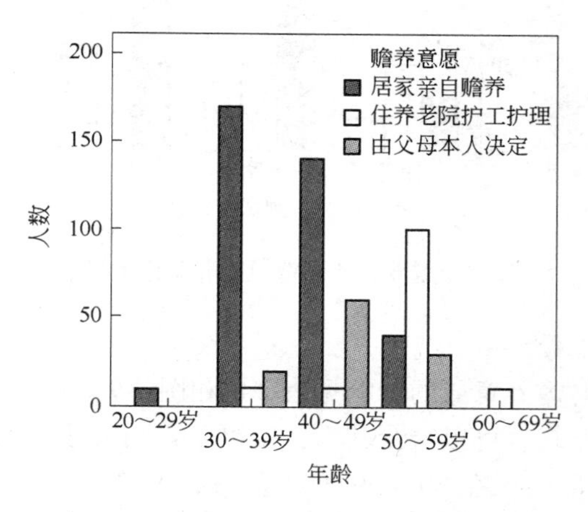

图2-9 赡养者的年龄对赡养意愿的影响

2.1.3.2 子女对老人的赡养能力

调查显示[16]，当老年人的家庭照顾者面对一系列负面的压力和影响时，社会对老年人的家庭照顾者的支持却是少之又少，甚至连老年人的家庭照顾者自己也没有感觉到社会应该给予他们更多的支持和关怀，以至于工作孝心难两全（见图2-10）。

图2-10 工作孝心难两全

在赞扬或批评赡养行为的过程中，人们已经形成了一套完整的“孝道”理论，这些实际的赡养行为不仅包括经济上的支持，更重要的则是生活上的护理和精神上的慰藉。在传统文化和现实社会经济条件下，家庭成员仍是照顾老年人的最主要人选，这种状况在短时间内是不会有大的变化的[17]。

当前年轻人赡养老年人的问题具体表现在：工作压力大，照顾父母时间不够；受住房条件限制，不能与多位老年人住在一起；父母老年生活过于单调；经济实惠的养老机构比较少；异地医保手续繁琐等。由于较少的子女需要照顾较多的老年人，使得老年人从家庭得到的照顾和支持减少。整体上说，精神支持与经济支持有一定关系，享受社会养老保障的老年人，其子女对老年人的精神支持较多，而单纯靠子女供养的老年人，其子女对老年人的精神支持则较为贫乏。

在笔者的调查中发现，对老年人进行照顾会给家庭成员尤其是老年子女带来各种负面的压力和影响，这种压力和影响也会影响到老年人。老年子女照顾父母，而且父母往往是重度失能者居多，照顾质量会大打折扣。超高龄老年人的照顾亟需社区承担，老年子女无力承担赡养人角色（见图2-11）。

另一个现象是，在子女赡养老年人的过程中，健康老年人资助子女的现象十分普遍，而资助子女其实是老年人对外界的一种支持。调查发现，很多老年人都

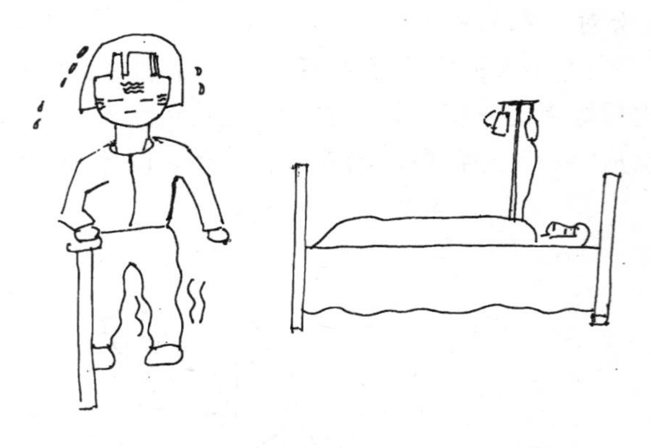

图 2-11　老年子女无力承担赡养人角色

在子女买房、结婚及照顾第三代等方面或多或少给予了子女经济和精力的支持（见图 2-12）。无论子女收入高低，几乎所有的老年人（只要身体状况允许）都在帮助子女照顾孙辈，有些甚至承担相当一部分孙辈的开支，这些开支可能会与子女提供给老年人的经济支持相当。

图 2-12　老年人逆哺育子女

2.2　老年人收入及支出调查

2.2.1　经济来源

《2010 年中国城乡老年人追踪调查报告》显示，截至 2010 年，我国以养老金作为主要收入来源的老年人占 24.1%，与 2000 年相比增长了 4.5%，同时，城乡之间差异较大。根据笔者调查的结果，湖南省老年人的经济来源有养老金、自我劳动、子女供养、最低生活保障几个方面（见表2-9和图2-13）。依赖养老金生活的老年人占43.7%，而依赖子女供养的占38.5%，这也基本上反映出湖南省大部分城市和农村的养老经济保障特征；单纯依赖自我劳动的占8.1%，这部分老年人身体状况较好，当身体不允许再劳动、无经济收入时，基本都能享有最低生活保障。大多数老年人将自我劳动所获收入作为生活的补充收入，未计入调查分析表中。

表2-9 湖南省60岁以上老年人主要经济来源

经济来源	人数	占比/%	有效占比/%	累积占比/%
养老金	1045	43.7	43.7	43.7
自我劳动	193	8.1	8.1	51.8
子女供养	920	38.5	38.5	90.3
最低生活保障	232	9.7	9.7	100.0
合计	2390	100.0	100.0	

注：此次调查发调查问卷2390份，收回有效问卷2390份，有效问卷占100%，下同。

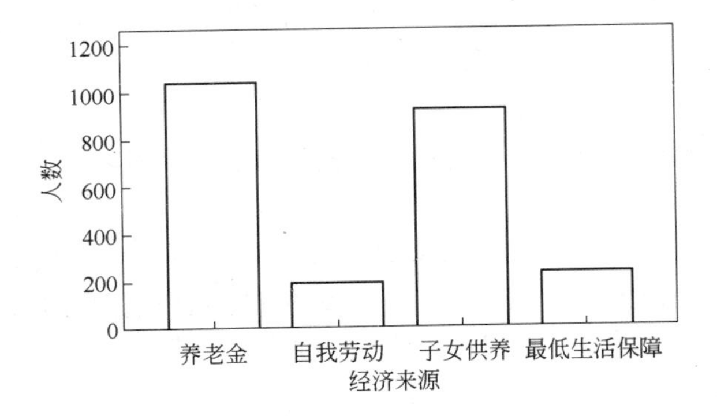

图2-13 湖南省60岁以上老年人主要经济来源

2.2.1.1 养老金

办理了离休、退休或离职手续的老年人，可从原工作单位或社会保障部门领取离退休生活费。湖南省城镇退休养老金普及较好，在笔者本次调查中发现，城市享有退休金的老年人占城市老年人的87.7%。对于日常生活中的支出，有退休金的被访者都表示基本生活问题不大。可以说养老金不仅是老年人主要的经济来源，同时也是其重要的精神支柱。从表2-9和图2-13所示的数据也可以看出，领取退休金的老年人在老年人群体中的比例最大。因此，领取退休金老年人的收入水平一定程度上可以反映老年人的整体消费能力。

2.2.1.2 基本生活保障

基本生活保障即低保生活费，是指为保证基本生活水平而领取的生活费。它

包括企业停工停产、下岗职工领取的基本生活费，由民政部门发放的军烈属、五保户、残疾人等的生活抚恤金等。

领取低保生活费老年人的生活状况与社会福利事业的发展及社会发展水平密切相关。城市老年人中有12.3%享受最低生活保障，县镇的比例为10.9%，而农村老年人享受低保的只占5.3%。这一组数据反映的不是城市到乡村老年人的生活水平越来越高，不需要低保，而是城市到乡村的社会保障能力越来越弱，享受社会福利的人越来越少。这一组数据需要与当地总体生活水平结合起来评价，但当地总体生活水平未体现在此次调查之中，数据评价有缺陷，有待进一步完善。享受低保的群体，生活水平都低于社会整体生活水平，属于贫困群体。

2.2.1.3　子女供养

乡村94.7%的老年人需要子女提供经济供养，而县镇这个比例也达25.3%，城市基本没有依赖子女供养的，即使无养老金，老年人一般也能享受低保，子女供养只作为补充。

在农村，子女必须承担赡养老年人的责任，老年人基本缺乏现金收入来源。需要子女供养的老年人群体中，如果子女经济条件好，父母的生活待遇也就好一些，如果子女的状况不好，老年人的待遇就可想而知了。

2.2.1.4　补充收入

补充收入包括劳动补充收入、子女补充收入、亲属补充收入、财产性补充收入等。

（1）劳动补充收入。劳动补充收入是指老年人到退休年龄后仍在工作所领取的收入。老年人需要身体健康、有一定技能才能获得这部分收入。可见，补充劳动收入是对养老金的补充，可以一方面增加收入，另一方面充实生活。

（2）子女补充收入。老年人在经济上有自己的固定收入，子女的经济支持是一种补充。调查发现，即使老年人并不十分需要经济帮助，他们也依然会或多或少接受子女的经济支持。

（3）亲属补充收入。从调查中发现，老年人从亲属处得到的经济支援并不大，仅在老年人发生突发事件（生病住院、子女不养等）时，亲属支持才发挥作用。在农村，亲属补充收入发挥的作用较大。

（4）财产性补充收入。财产性补充收入是指以资金储蓄、借贷入股以及财产营运、租赁等所取得的利息、股息、红利、租金等收入。改革开放以来，居民的财产性补充收入逐渐增多，在老年人收入来源中占的比例越来越大。

除上述4种补充收入之外，可能还有保险等其他方面的生活费来源。

居住地区与老年人经济来源的关系见表2-10和图2-14。图2-14显示，湖南省老年人的生活来源相对于传统的完全由家庭其他成员供养已经发生了很大的变化。养老金成为了职业人士老化后的主要生活来源，但整体说来仍有约近五成的老年人完全由家庭供养。

表 2-10 居住地区与经济来源的关系

项目			经济来源				合计
			养老金	自我劳动	子女供养	最低生活保障	
居住地区	城市	人数	442	0	0	62	504
		占比/%	87.7	0	0	12.3	100.0
		占总数的百分比/%	18.5	0	0	2.6	21.1
	县、镇	人数	603	193	316	136	1248
		占比/%	48.3	15.5	25.3	10.9	100.0
		占总数的百分比/%	25.2	8.1	13.2	5.7	52.2
	乡村	人数	0	0	604	34	638
		占比/%	0	0	94.7	5.3	100.0
		占总数的百分比/%	0	0	25.3	1.4	26.7
合计		人数	1045	193	920	232	2390
		占总数的百分比/%	43.7	8.1	38.5	9.7	100.0

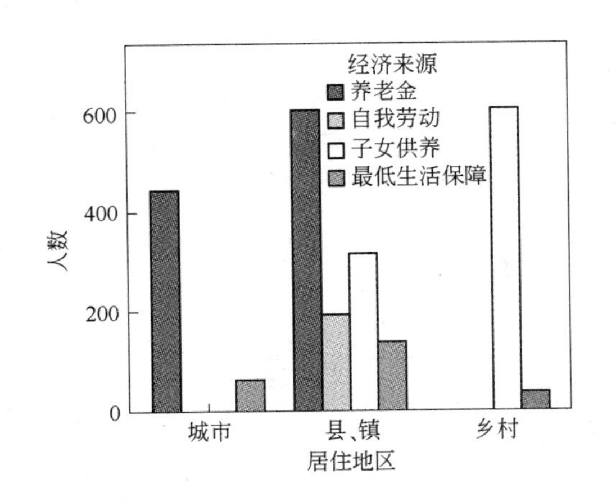

图 2-14 居住地区与经济来源的关系

生活来源可以一定程度反映老年人的生活状况。拥有退休金或以财产性收入作为主要生活来源的老年人，有相对独立的经济自主权，在经济上较少地依靠子女及亲属，与子女之间的经济冲突较少，生活状况较好。以自我劳动收入作为主要生活来源的老年人，一般为低龄老年人，他们的身体状况相对较好，加之有稳定的收入，对生活现状也比较满足。

依靠家庭成员供养的老年人，其生活状况与提供经济来源的家庭成员的收入状况有很大的关系，其经济自主权较小。

2.2.2 养老支出

2.2.2.1 休闲娱乐支出

我国现阶段的老年人经历了较长一段时间不富裕的生活，他们一般都很节俭，除必要的开支外，其他消费很少。在休闲娱乐方面，老年人的支付意愿很低。在笔者的调查中发现，休闲娱乐支出较多的，城市老年人占20.8%，县、镇老年人占7.0%，乡村老年人在这方面占比为零；休闲娱乐支出较少的，城市老年人占66.9%，县、镇老年人占38.6%，乡村老年人在这一区域仍占比为零；根本没有休闲娱乐支出的，城市老年人占12.3%，县、镇老年人占54.4%，乡村老年人占100%。可见休闲娱乐开支与经济能力密切相关。必须说明的是，该次调查未将赌博消费列入休闲娱乐消费中。农村中赌博问题较为严重，导致家庭不和的现象时有发生，该次调查认为赌博不属于正常的休闲娱乐。居住地与休闲娱乐支出的关系见表2-11和图2-15。

表2-11 居住地区与休闲娱乐支出的关系

项　目			休闲娱乐开支			合　计
			较　多	较　少	没　有	
居住地区	城市	人数	105	337	62	504
		占比/%	20.8	66.9	12.3	100.0
		占总数的百分比/%	4.4	14.1	2.6	21.1
	县、镇	人数	87	482	679	1248
		占比/%	7.0	38.6	54.4	100.0
		占总数的百分比/%	3.6	20.2	28.4	52.2
	乡村	人数	0	0	638	638
		占比/%	0	0	100.0	100.0
		占总数的百分比/%	0	0	26.7	26.7
合　计		人数	192	819	1379	2390
		占总数的百分比/%	8.0	34.3	57.7	100.0

2.2.2.2 养老服务消费

老年人养老服务消费观念比较淡薄[18]，养老服务消费更低。居住地区与养老服务支出的关系见表2-12和图2-16。养老服务支出与老年人的消费观念相关。根据笔者的调查，城市老年人可接受10元/小时的养老服务价格的比例较高，达43.8%；接受20元/小时和30元/小时的比例占23.0%和20.8%；县、镇老年人不愿意享受养老服务的占57.3%，养老产品的价格若为30元/小时，县、镇老年人基本无人愿意支付了；乡村老年人基本无人愿意享受养老服务。这一项调查说

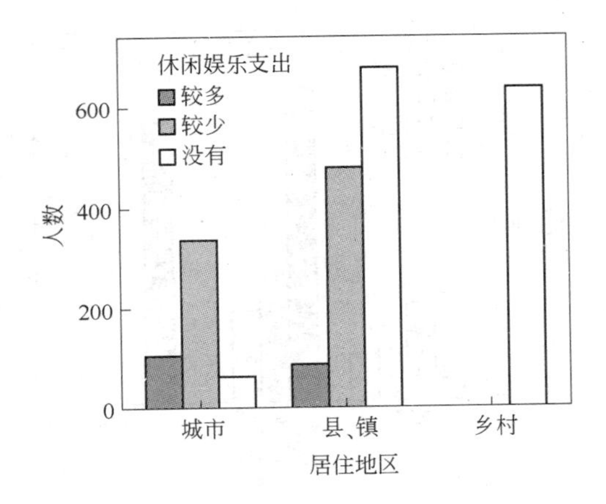

图 2-15 居住地区与休闲娱乐支出的关系

明养老服务支出意愿一方面与消费能力有关，另一方面还与消费观念及家庭是否可以提供无偿服务有关[19,20]。

表 2-12 居住地区与养老服务支出的关系

项目			愿意支付养老服务的价格				合计
			不愿意	10 元/小时	20 元/小时	30 元/小时	
居住地区	城市	人数	62	221	116	105	504
		占比/%	12.3	43.8	23.0	20.8	100.0
		占总数的百分比/%	2.6	9.2	4.9	4.4	21.1
	县、镇	人数	715	324	209	0	1248
		占比/%	57.3	26.0	16.7	0	100.0
		占总数的百分比/%	29.9	13.6	8.7	0	52.2
	乡村	人数	638	0	0	0	638
		占比/%	100.0	0	0	0	100.0
		占总数的百分比/%	26.7	0	0	0	26.7
合计		人数	1415	545	325	105	2390
		占总数的百分比/%	59.2	22.8	13.6	4.4	100.0

2.2.2.3 医疗费用的承担

居住地区和医疗费用承担的关系见表 2-13 和图 2-17。在调查老年人的医疗费用后发现，所有被调查者均发生了医疗消费，文化程度较低、以前工作条件较差的，人均医疗消费相对较文化程度高、以前工作条件较好者低，但次均消费高。

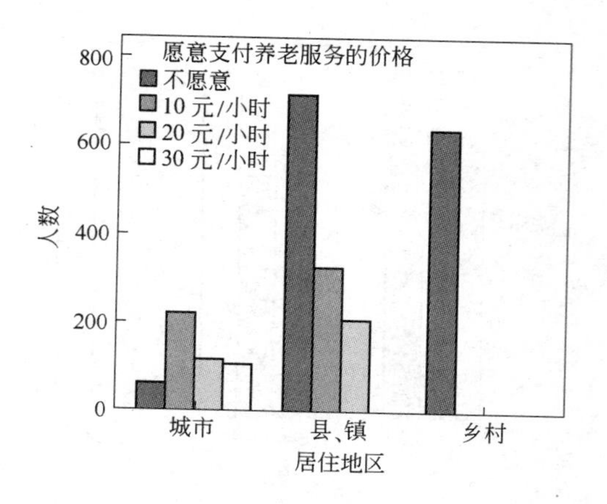

图 2-16　居住地区与养老服务支出的关系

表 2-13　居住地区与医疗费用承担的关系

项目			医疗费用承担				合计
			医疗保险	子女承担	自我承担	医疗保险与家庭共同承担	
居住地区	城市	人数	406	18	18	62	504
		占比/%	80.6	3.6	3.6	12.3	100.0
		占总数的百分比/%	17.0	8	8	2.6	21.1
	县、镇	人数	586	229	280	153	1248
		占比/%	47.0	18.3	22.4	12.3	100.0
		占总数的百分比/%	24.5	9.6	11.7	6.4	52.2
	乡村	人数	0	532	106	0	638
		占比/%	0	83.4	16.6	0	100.0
		占总数的百分比/%	0	22.3	4.4	0	26.7
合计		人数	992	779	404	215	2390
		占总数的百分比/%	41.5	32.6	16.9	9.0	100.0

城市老年人的80.6%享有医疗保险，县、镇老年人的47.0%享有医疗保险，乡村老年人无此项保险。该次调查时，农村医疗保险刚刚起步，给农村老年人带来了一些福音。乡村老年人的医疗费用子女承担的占83.4%，自我承担的占16.6%，基本模式是小病自己扛，大病子女摊[21]。

2.2.2.4　护理费用的承担

老年人对疾病护理的需求十分强烈。疾病护理是老年人首要的服务项目需求。所有被调查老年人都提出“疾病护理”需求，尤其是80岁以上独居老年人

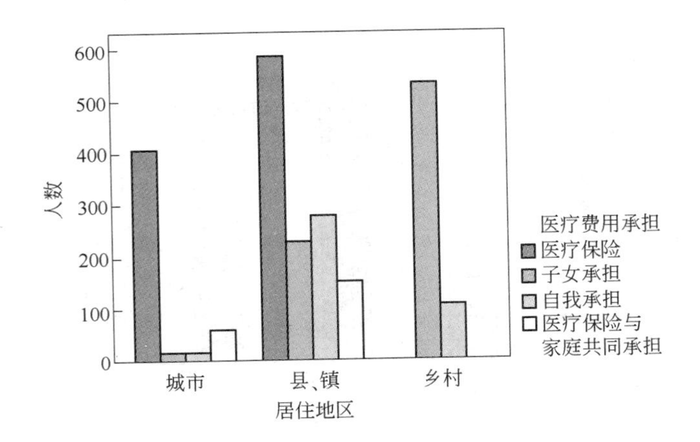

图 2-17 居住地区与医疗费用承担的关系

更需要得到疾病护理。

中国青年报社调中心通过调查网和民意中国网进行的一项调查显示（8476人参与），86.4%的人期待未来十年国家加大老年人护理康复方面的投入[20]。即使是参加了医疗保险的空巢老年人也对自己的医疗和护理问题忧心忡忡[22]。

居住地区和护理费用承担的关系见表 2-14 和图 2-18。目前，老年人护理费用几乎全部由子女和老年人自己承担，其中城市老年人子女承担比例占 87.1%，县、镇和乡村老年人子女承担的比例分别占 72.9%和 70.4%。可见，子女在老年人患病时将承担大部分护理费用。

表 2-14 居住地区和护理费用承担的关系

项目			护理费用承担		合计
			子女承担	自我承担	
居住地区	城市	人数	439	65	504
		占比/%	87.1	12.9	100.0
		占总数的百分比/%	18.4	2.7	21.1
	县、镇	人数	908	340	1248
		占比/%	72.8	27.2	100.0
		占总数的百分比/%	38.0	14.2	52.2
	乡村	人数	449	189	638
		占比/%	70.4	29.6	100.0
		占总数的百分比/%	18.8	7.9	26.7
合计		人数	1796	594	2390
		占总数的百分比/%	75.1	24.9	100.0

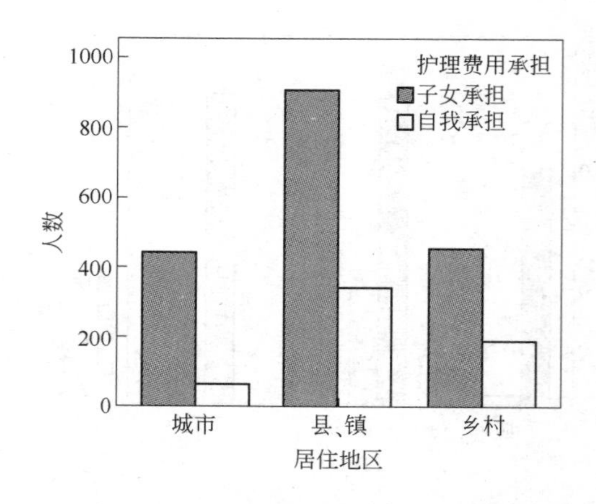

图 2-18　居住地区和护理费用承担的关系

通过对养老支出的调查，可知：养老金和医疗保险是养老服务的重要支柱，子女提供老年人经济支持的补充，亲友则提供老年人关键时刻的临时支持；没有享受到医疗保险的老年人，医疗费用会给他们带来经济上的压力，而这种压力将随着老年人年龄的增大越来越严重；家庭的护理功能并未随着家庭养老功能的减弱而减弱，这就意味着独居、空巢老年人的养老负担更重。

2.3　老年人日常活动调查

2.3.1　日常生活轨迹

身体健康的老年人，一般生活充实而忙碌，料理家务、照看孙辈、锻炼娱乐是他们一天生活的主要内容，健康老年人一天 24 小时的生活轨迹如表 2-15 所示。

表 2-15　健康老年人一天 24 小时的生活轨迹

时　间	项　目	距家的距离
6：00	起床，打扫卫生，锻炼身体	住区内
7：00	买菜，早餐，送孙辈上幼儿园	临近住区
9：00	与社区老年人一起娱乐	住区内或临近住区
11：00	午饭	住宅内
12：30	午休	住宅内
15：00	与社区老年人一起娱乐	住区内或临近住区
17：00	晚餐	住宅内
19：00	看电视或在小区周边活动	住宅内或临近住区
21：00	休息	住宅内

空巢或三代同堂的健康老年人大部分都有照料第三代的任务，这种现象在中国非常普遍。一方面，孙辈的到来可以给老年人的生活带来乐趣；另一方面，也加重了老年人的生活压力。

失能老年人和部分失能老年人24小时的生活内容相比健康老年人单调得多，除康复治疗、卧床看电视外，基本无其他的娱乐活动，因为户外活动需要借助他人陪护。这些老年人及其家人特别希望社区能介入养老服务。

2.3.2 家务劳动

2.3.2.1 身体状况与家务劳动

健康老年人基本是“以老养老”。据笔者的调查，健康老年人大多承担家务劳动，其中83.6%的健康老年人承担全部家务劳动，他们基本上是帮助子女抚育第三代；比较心酸的是部分失能的老年人（这其中有一部分是独居或空巢老年人）中仍有38.0%承担全部家务劳动，17.0%承担主要家务劳动，45%参与部分家务劳动。老年人身体状况与其家务劳动承担之间的关系见表2-16和图2-19。

表2-16 老年人身体状况与其家务劳动承担之间的关系

项目			家务劳动				合计
			完全不做家务	承担全部家务劳动	承担主要家务劳动	参与部分家务劳动	
身体状况	健康	人数	0	583	80	34	697
		占比/%	0	83.6	11.5	4.9	100.0
		占总数的百分比/%	0	24.4	3.3	1.4	29.2
	生活自理	人数	147	409	104	85	745
		占比/%	19.7	54.9	14.0	11.4	100.0
		占总数的百分比/%	6.2	17.1	4.4	3.6	31.2
	部分失能	人数	0	241	108	285	634
		占比/%	0	38.0	17.0	45.0	100.0
		占总数的百分比/%	0	10.1	4.5	11.9	26.5
	失能	人数	314	0	0	0	314
		占比/%	100.0	0	0	0	100.0
		占总数的百分比/%	13.1	0	0	0	13.1
合计		人数	461	1233	292	404	2390
		占总数的百分比/%	19.3	51.6	12.2	16.9	100.0

2.3.2.2 年龄与家务劳动

调查显示，50.8% 60岁以上的老年人和55.9% 70岁以上的老年人承担全部

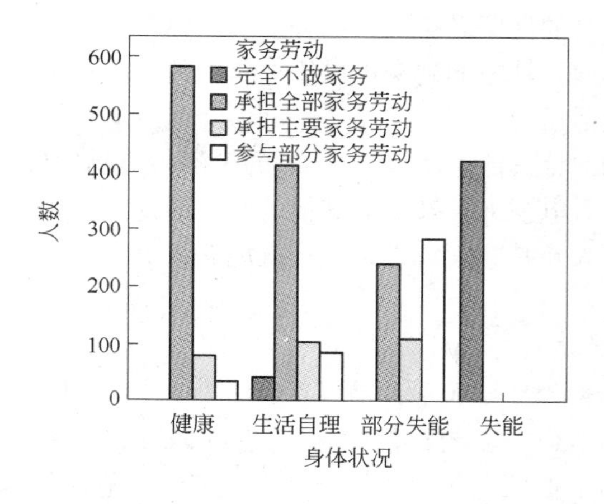

图 2-19　老年人身体状况与其家务劳动承担之间的关系

家务劳动，值得注意的是仍有 39.5% 80 岁以上的老年人承担全部家务劳动，23.1% 承担主要家务劳动，17% 参与部分家务劳动。终生劳动造就了农村的高龄老年人健康的体魄，但 80 岁以上仍承担全部或主要的家务劳动多是因空巢或独居造成的。老年人年龄与家务劳动承担之间的关系见表 2-17 和图 2-20。

表 2-17　老年人年龄与家务劳动承担之间的关系

项目			家务劳动				合计
			完全不做家务	承担全部家务劳动	承担主要家务劳动	参与部分家务劳动	
年龄	60～69 岁	人数	80	435	123	218	856
		占比/%	9.3	50.8	14.4	25.5	100.0
		占总数的百分比/%	3.3	18.2	5.1	9.1	35.8
	70～79 岁	人数	300	682	101	136	1219
		占比/%	24.6	55.9	8.3	11.2	100.0
		占总数的百分比/%	12.6	28.5	4.2	5.7	51.0
	80～89 岁	人数	60	116	68	50	294
		占比/%	20.4	39.5	23.1	17.0	100.0
		占总数的百分比/%	2.5	4.9	2.8	2.1	12.3
	大于 90 岁	人数	21	0	0	0	21
		占比/%	100.0	0	0	0	100.0
		占总数的百分比/%	9	0	0	0	9
合计		人数	461	1233	292	404	2390
		占总数的百分比/%	19.3	51.6	12.2	16.9	100.0

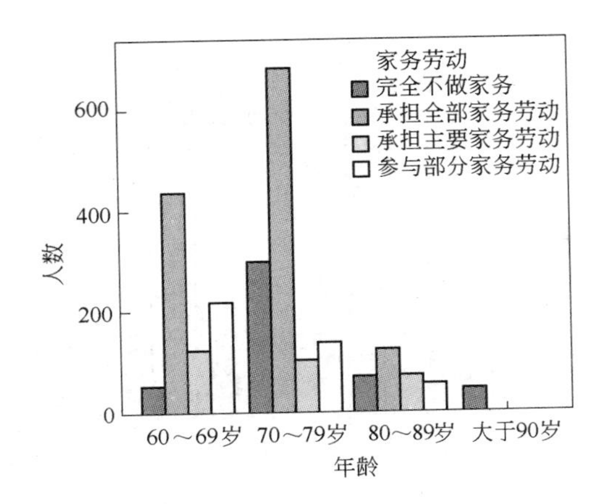

图 2-20 老年人年龄与家务劳动承担之间的关系

2.3.2.3 性别与家务劳动

整体来看，女性承担的家务劳动比男性还是多一些（见表 2-18 和图 2-21）。分类观察，在承担全部家务劳动的调查类别上，女性多于男性 10 个百分点以上，说明女性仍是家务劳动的主导力量，而在承担主要家务劳动的类别上，男女比例基本持平，说明老年人对家务劳动的承担用性别区分意义不大，家是老年人的生活重心。

表 2-18 老年人性别与家务劳动承担之间的关系

项目			家务劳动				合计
			完全不做家务	承担全部家务劳动	承担主要家务劳动	参与部分家务劳动	
性别	男	人数	204	445	134	187	970
		占比/%	21.0	45.9	13.8	19.3	100.0
		占总数的百分比/%	8.5	18.6	5.6	7.8	40.6
	女	人数	257	788	158	217	1420
		占比/%	18.1	55.5	11.1	15.3	100.0
		占总数的百分比/%	10.8	33.0	6.6	9.1	59.4
合计		人数	461	1233	292	404	2390
		占总数的百分比/%	19.3	51.6	12.2	16.9	100.0

2.3.3 社会交往

2.3.3.1 核心交往

根据我国传统交往的习惯，老年人的核心交往群体依然是配偶、子女

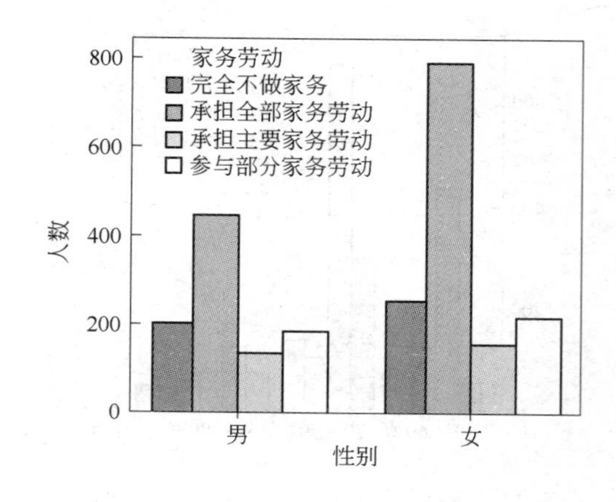

图 2-21 老年人性别与家务劳动承担之间的关系

和亲属。当被问及最愿意和谁聊天时，配偶关系良好的被访者均表示老伴是他们最愿意交谈的对象。兴趣爱好迥异的夫妻会各自寻找自己的朋友来倾诉；而独居被访者的交流对象多选择近邻，其次是子女，或者较少与外界交流。

以往的研究也表明，关系良好的配偶无论从经济、生活和精神上来说都是给予老年人最多帮助的支持者。子女对空巢老年人的情感支持实际上就表现为子女是否孝敬老年人，即如果子女孝敬老年人，则老年人在情感上得到满足，反之则感到失落。

当经济上完全需要子女供养时，老年人认为主动、按时提供经济援助的孩子是孝顺的孩子，老年人为能有这样的子女感到骄傲。“物质供养可以理解为儿女孝心的物质形态，是精神赡养的载体形式”[23]。经济上不依赖子女的老年人，把生活上的体贴、精神上的关怀视为孝敬的首要标准，与子女的交往成为老年人最重要的生活事件，因此，“常回家看看”被写入法律。

2.3.3.2 邻里交往

A 生活态度与邻里关系

家庭和邻里是我国社会两种最基本的社会组织。在中国传统文化中，对于每一个家庭来说，不仅有和其他亲属家庭之间的关系，而且有和非亲属家庭之间的关系——邻里关系。常说的一句话是“远亲不如近邻”。

农村的邻居或有血缘关系，机关大院的邻居或是一个单位的老同事，人们在一起工作生活，有了这层关系，情感上更加密切一些。但新型的住宅小区就不同了，人们通过购买商品房住在一个住区，彼此之间并不熟悉，生活习惯和背景经历均有很大差距，职业内容各不相同，要建立深厚的邻里感情，还需要各方面的努力。老年人的生活圈相对较小，需要有相同的话题或共同的活动，才能加强邻居间的联系。邻里交往作为友情是对老年人一种情感上的补充。

社区在丰富老年人精神生活上发挥的作用越来越显著。随着老年人自身社会经济地位的变化，老年人在家庭内部的权威和影响力也相应地下降。这使得老年人开始将部分生活内容向家庭之外扩展，设法从其他活动中重新获得生活满足感。

根据笔者调查，生活态度与邻里关系之间的关系见表2-19和图2-22，经常或偶尔串门的老年人生活满意度较高。在有悲观情绪的老年人中，从不串门的比例高达59.3%；木讷不语的老年人从不串门的比例为48.5%。

表2-19　老年人生活态度和邻里关系之间的关系

项目			邻里交往			合计
			经常串门闲聊	偶尔串门闲聊	从不串门闲聊	
生活态度	充满激情	人数	68	179	35	282
		占比/%	24.1	63.5	12.4	100.0
		占总数的百分比/%	2.8	7.5	1.5	11.8
	满意	人数	304	350	50	704
		占比/%	43.2	49.7	7.1	100.0
		占总数的百分比/%	12.7	14.6	2.1	29.5
	比较满意	人数	204	189	162	555
		占比/%	36.8	34.1	29.2	100.0
		占总数的百分比/%	8.5	7.9	6.8	23.2
	沮丧、悲观	人数	136	4	204	344
		占比/%	39.5	1.2	59.3	100.0
		占总数的百分比/%	5.7	2	8.5	14.4
	木讷不语	人数	175	85	245	505
		占比/%	34.7	16.8	48.5	100.0
		占总数的百分比/%	7.3	3.6	10.3	21.1
合计		人数	887	807	696	2390
		占总数的百分比/%	37.1	33.8	29.1	100.0

B　年龄与邻里关系

根据笔者的调查，老年人年龄与邻里关系之间的关系见表2-20和图2-23。60～69岁及70～79岁年龄段的老年人喜欢串门闲聊，有近5成的该年龄段的老

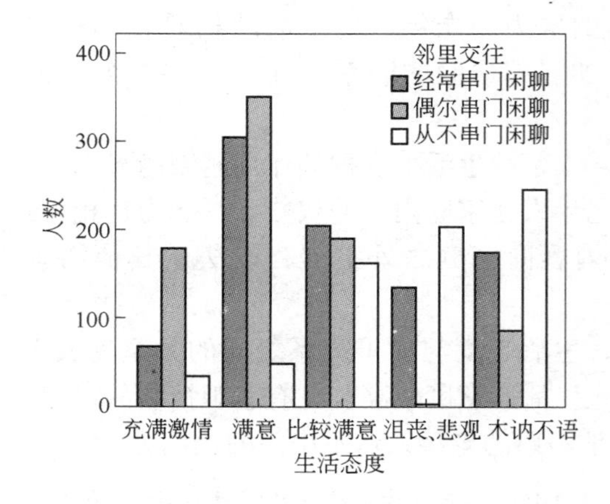

图 2-22　老年人生活态度与邻里关系之间的关系

年人经常串门；随着年龄的增大，串门率也在减少，80～89 岁老年人偶尔串门和从不串门的比例各占一半，分别为 47.3% 和 52.7%；到 90 岁以后，老年人就不怎么串门聊天了，一个原因是行动不便，另一个主要原因是听力受限，交流不便。可以看出，愈是低龄组，与邻居交往愈为密切。自主行动是老年人与邻里交往的必要条件。

表 2-20　老年人年龄和邻里关系之间的关系

项　目			邻 里 交 往			合计
			经常串门闲聊	偶尔串门闲聊	从不串门闲聊	
年龄	60～69 岁	人数	392	394	70	856
		占比/%	45.8	46.0	8.2	100.0
		占总数的百分比/%	16.4	16.5	2.9	35.8
	70～79 岁	人数	495	274	450	1219
		占比/%	40.6	22.5	36.9	100.0
		占总数的百分比/%	20.7	11.5	18.8	51.0
	80～89 岁	人数	0	139	155	294
		占比/%	0	47.3	52.7	100.0
		占总数的百分比/%	0	5.8	6.5	12.3
	大于 90 岁	人数	0	0	21	21
		占比/%	0	0	100.0	100.0
		占总数的百分比/%	0	0	9	9
合　计		人数	887	807	696	2390
		占总数的百分比/%	37.1	33.8	29.1	100.0

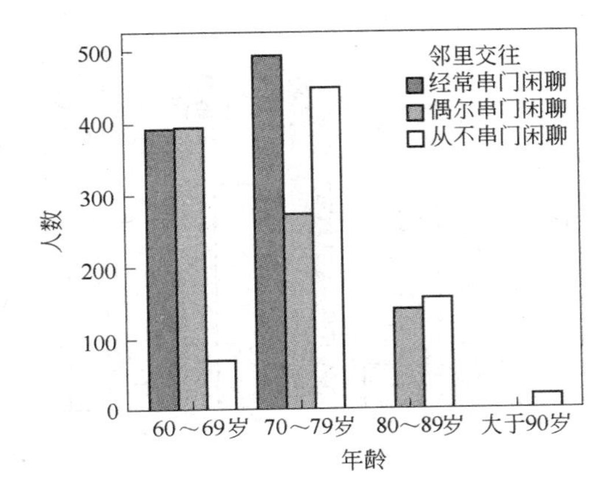

图 2-23　老年人年龄与邻里关系之间的关系

C　居住地区与邻里关系

根据笔者调查，老年人居住地区与邻里关系之间的关系见表 2-21 和图 2-24。在经常串门类别的调查中，城市老年人的比例略低，占 20.2%，而县、镇和乡村的比例基本一致，分别为 44.3% 和 36.4%；在偶尔串门类别的调查中，城市老年人的比例略高，为 65.9%，而县、镇和乡村的比例基本一致，分别为 25.6% 和 24.5%；在从不串门类别的调查中，同样是城市老年人的比例略低，为 13.9%，而县、镇和乡村的比例基本一致，分别为 30.1% 和 39.2%，反映出县、镇和乡村的生活习惯更接近。

表 2-21　老年人居住地区和邻里关系之间的关系

项　目			邻里交往			合计
			经常串门闲聊	偶尔串门闲聊	从不串门闲聊	
居住地区	城市	人数	102	332	70	504
		占比/%	20.2	65.9	13.9	100.0
		占总数的百分比/%	4.3	13.9	2.9	21.1
	县、镇	人数	553	319	376	1248
		占比/%	44.3	25.6	30.1	100.0
		占总数的百分比/%	23.1	13.3	15.7	52.2
	乡村	人数	232	156	250	638
		占比/%	36.4	24.5	39.2	100.0
		占总数的百分比/%	9.7	6.5	10.5	26.7
合　计		人数	887	807	696	2390
		占总数的百分比/%	37.1	33.8	29.1	100.0

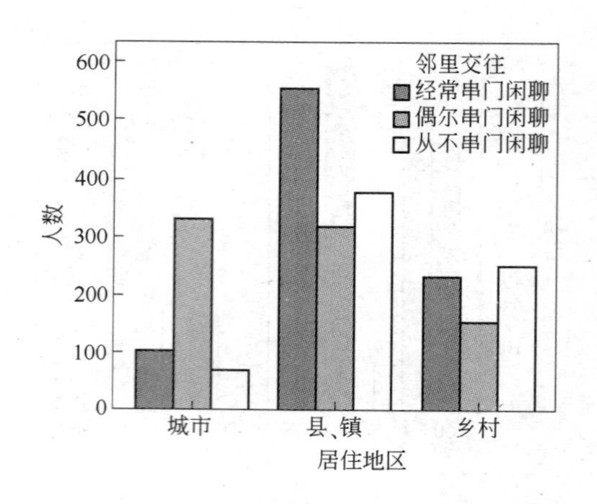

图 2-24　老年人居住地区与邻里关系之间的关系

2.3.3.3　交往空间

核心交往一般在室内进行活动；邻里交往，室内外活动均有可能；而随机交往，则不同于核心交往和邻里交往，没有固定的交往场所。一部分老年人由于核心交往和邻里交往的减少，更愿意和街头的商贩交谈，和过路的陌生人交谈，以减少焦虑，其随机交往机会就会增加。随机交往，能使老年人身心愉快。出于锻炼身体的目的，老年人也会经常去公共空间寻找适合自己的运动方式，接触更多的人。

调查发现，85%的80岁以上老年人，其最大活动范围不超过住宅附近的300m[22]。因此，为高龄老年人设计的户外交往空间应重点布置在住宅小区内部或周边。低龄老年人的活动范围更广，住宅出入口、组团公共绿地、小公园、商店门口等场所都是老年人交往比较频繁的区域。城镇社区中老年人户外交往的主要空间为小区的户外公共活动空间。相比之下，农村老年人的娱乐活动少得多，除了打牌之外，很少有集体的娱乐活动。原因之一是缺乏兴趣，一辈子劳作于田间地头，忙于生计，很少顾及生存以外的东西；之二是缺乏组织，村镇缺乏自发的民间组织。

2.4　老年人居住状况调查

2.4.1　居住意愿调查

2.4.1.1　理想居住地

对于老年人理想居住地的调查结果见表 2-22 和图 2-25。在自己的老屋（原址）养老的意愿占 63.3%，毗邻子女家养老的占 21.7%，住子女家（主要是儿子家）养老的占8.3%，随便哪里都可以（指养老机构）的占6.7%。

表2-22 对于老年人理想居住地的调查结果

老年人理想的居住地		人 数	占比/%	有效占比/%	累积占比/%
有效	原址	38	61.3	63.3	63.3
	毗邻子女	13	21.0	21.7	85.0
	子女家	5	8.1	8.3	93.3
	随便哪里都可以	4	6.5	6.7	100.0
	合 计	60	96.8	100.0	
缺失	系统	2	3.2		
合 计		62	100.0		

注：本次调查发调查问卷62份，收回有效问卷60份，缺失2份，有效问卷占96.8%，下同。

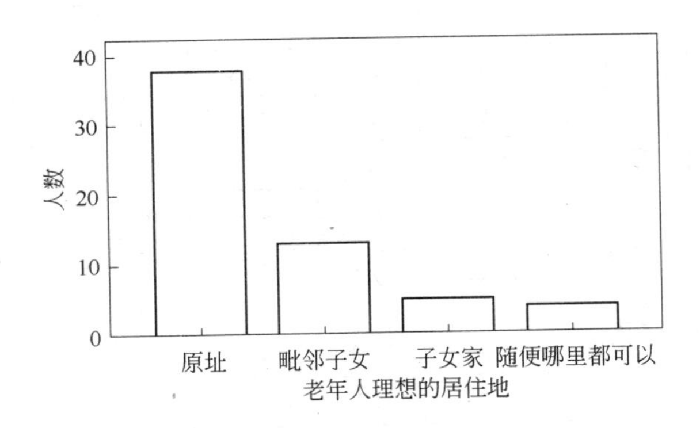

图2-25 对于老年人理想居住地的调查结果

2.4.1.2 影响老年人居住地意愿的因素

A 身体状况与老年人理想居住地

身体状况与老年人理想居住地的关系见表2-23和图2-26。身体健康和能够自

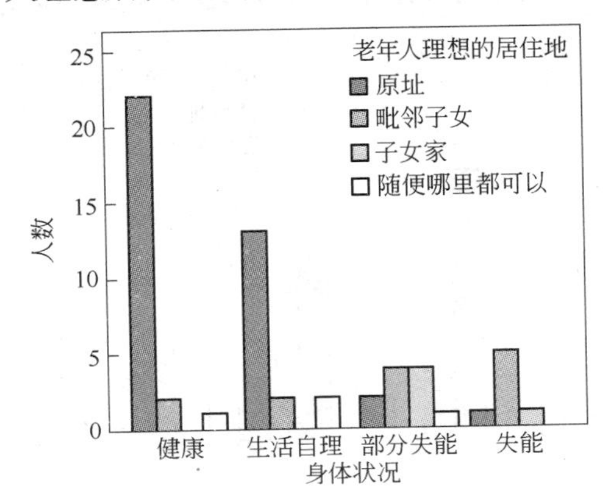

图2-26 身体状况与老年人理想居住地的关系

理的老年人绝大部分愿意在自己的老屋（原址）养老，该比例占88.0%和76.5%；部分失能的老年人中仍有18.6%愿意在原址养老；完全失能的老年人有14.3%愿意在原址养老，有71.4%愿意毗邻子女而得到照顾，有14.3%愿意住子女家；愿意随子女安排的老年人比例始终很少，而且老年人大部分都不愿入住养老院。

表2-23 身体状况与老年人理想居住地的关系

项目			老年人理想的居住地				合计
			原址	毗邻子女	子女家	随便哪里都可以	
身体状况	健康	人数	22	2	0	1	25
		占比/%	88.0	8.0	0	4.0	100.0
		占总数的百分比/%	36.7	3.3	0	1.7	41.7
	生活自理	人数	13	2	0	2	17
		占比/%	76.5	11.8	0	11.8	100.0
		占总数的百分比/%	21.7	3.3	0	3.3	28.3
	部分失能	人数	2	4	4	1	11
		占比/%	18.2	36.4	36.4	9.1	100.0
		占总数的百分比/%	3.3	6.7	6.7	1.7	18.3
	失能	人数	1	5	1	0	7
		占比/%	14.3	71.4	14.3	0	100.0
		占总数的百分比/%	1.7	8.3	1.7	0	11.7
合计		人数	38	13	5	4	60
		占总数的百分比/%	63.3	21.7	8.3	6.7	100.0

B　居住地区与老年人理想居住地

居住地区与老年人理想居住地的关系见表2-24和图2-27。住老屋（原址养

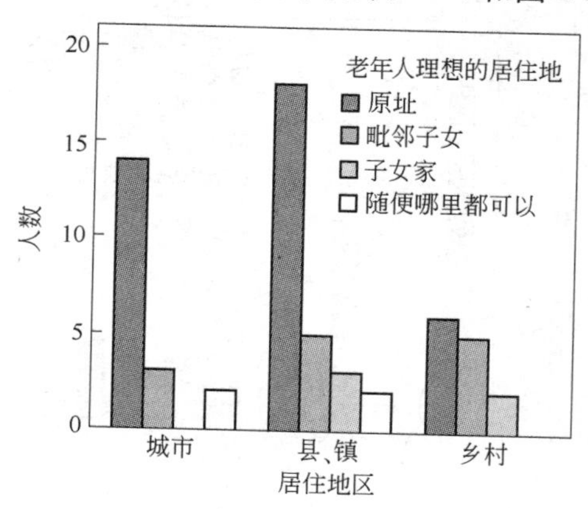

图2-27　居住地区与老年人理想居住地的关系

老）是老年人的普遍愿望，城市老年人有此愿望的占73.7%，县、镇老年人占64.3%，乡村占46.2%。这是因为乡村老年人住的房子的质量都不高，而子女的房屋基本都是后来新建的，所以老年人理想居住地占最高比例的是与子女毗邻（也能够住上和子女差不多的好房子）。该愿望乡村老年人比例最高，占38.5%。愿意住子女家的城市老年人基本没有，县、镇占10.7%，乡村占15.4%，这再次说明县、镇和乡村生活习俗大致相同。

表2-24 居住地区与老年人理想居住地的关系

项目			老年人理想的居住地				合计
			原址	毗邻子女	子女家	随便哪里都可以	
居住地区	城市	人数	14	3	0	2	19
		占比/%	73.7	15.8	0	10.5	100.0
		占总数的百分比/%	23.3	5.0	0	3.3	31.7
	县、镇	人数	18	5	3	2	28
		占比/%	64.3	17.9	10.7	7.1	100.0
		占总数的百分比/%	30.0	8.3	5.0	3.3	46.7
	乡村	人数	6	5	2	0	13
		占比/%	46.2	38.5	15.4	0	100.0
		占总数的百分比/%	10.0	8.3	3.3	0	21.7
合计		人数	38	13	5	4	60
		占总数的百分比/%	63.3	21.7	8.3	6.7	100.0

C 婚姻状况与老年人理想居住地

婚姻状况与老年人理想居住地的关系见表2-25和图2-28。不论是哪种婚姻状态，愿意原址养老的始终是比例最高的，丧偶和已婚的老年人与子女关系更为

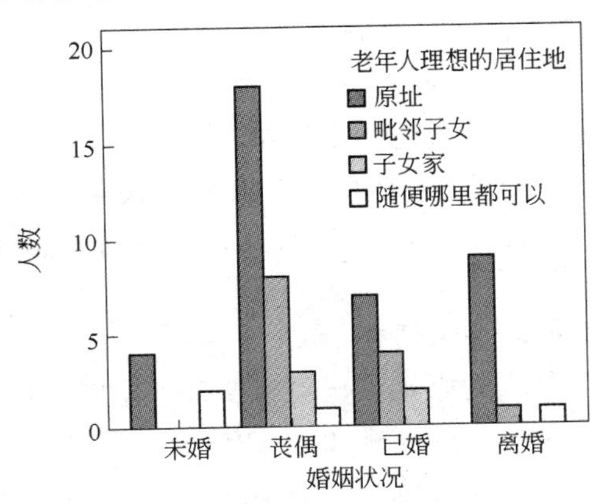

图2-28 婚姻状况与老年人理想居住地的关系

密切，愿意与子女毗邻或直接住在子女家中的比例也较高。只有未婚老年人“随便住哪里都可以”的态度占33.3%，其他比例都较低，可见只有未婚老年人的生活态度比较消极。

表2-25　婚姻状况与老年人理想居住地的关系

项　目			老年人理想的居住地				合计
			原址	毗邻子女	子女家	随便哪里都可以	
婚姻状况	未婚	人数	4	0	0	2	6
		占比/%	66.7	0	0	33.3	100.0
		占总数的百分比/%	6.7	0	0	3.3	10.0
	丧偶	人数	18	8	3	1	30
		占比/%	60.0	26.7	10.0	3.3	100.0
		占总数的百分比/%	30.0	13.3	5.0	1.7	50.0
	已婚	人数	7	4	2	0	13
		占比/%	53.8	30.8	15.4	0	100.0
		占总数的百分比/%	11.7	6.7	3.3	0	21.7
	离婚	人数	9	1	0	1	11
		占比/%	81.8	9.1	0	9.1	100.0
		占总数的百分比/%	15.0	1.7	0	1.7	18.3
合　计		人数	38	13	5	4	60
		占总数的百分比/%	63.3	21.7	8.3	6.7	100.0

老年人居家养老意愿状况表明，居家养老方式是目前社会转型时期城市老年人的最佳选择。这主要是因为家庭是老年人最熟悉的生活环境，它给老年人带来的情感上的支持，是任何其他机构都无法代替的。

虽然绝大多数老年人将原址养老作为首选，但都不愿离子女太远。调查显示，大多数身体健康、生活自理的老年人喜欢独立生活，但同时希望能与子女们住得不远，以便相互照应，即所谓“毗邻养老”。

目前，“养儿防老”仍是我国大多数农村居民的思想，农村老年人相对来说更愿意和儿子生活在一起，少数与儿媳妇关系不融洽的，才愿意独立居住。

2.4.1.3　养老机构老年人调查

愿意入住养老院老年人的婚姻状况见表2-26和图2-29。入住养老院的老年人中，“未婚”的占8.3%，“离婚”的占26.7%，“丧偶”的占48.3%，“已婚”的仅占16%。笔者本次调查显示，入住养老院的多数是缺乏老伴照料的孤寡老年人。

表 2-26 愿意入住养老院的老年人的婚姻状况

婚姻状况	人数	占比/%	有效占比/%	累积占比/%
未 婚	5	8.3	8.3	8.3
丧 偶	29	48.3	48.3	56.7
离 婚	16	26.7	26.7	83.3
已 婚	10	16.7	16.7	100.0
合 计	60	100.0	100.0	

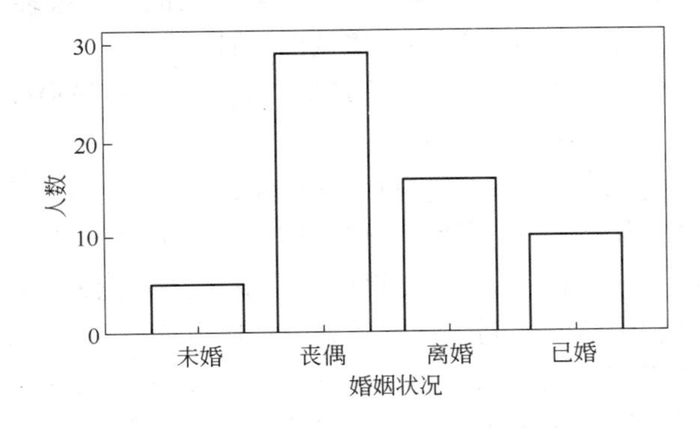

图 2-29 愿意入住养老院的老年人的婚姻状况

2.4.2 居住现状调查

2.4.2.1 理想的居住条件

A 舒适的住宅单元

自 20 世纪 90 年代以来，住房制度的改革给湖南省居民的居住条件带来了翻天覆地的变化。1990 年后所建的住房建筑面积占总住房建筑面积的 79%。城市楼房住宅占 66%，农村住宅占 90%。农村住房条件大大改善，钢筋混凝土和混合结构的住房达到 52%。对居住舒适性有影响而且需改善的项目有敞口部、房间布置、暖气及空调、室内装修等[24]。老年人对居室舒适性的要求如表 2-27 所示。

表 2-27 老年人对居室舒适性的要求

老年人对舒适性的要求	对房屋的要求	存在的困难	改善措施
行动方便	房屋宽敞	储物紧张	增加房间数量
舒 适	房间明亮	日照不足	东向、南向开窗
房屋干燥	温湿度恰当	窗面积不足	阳面开窗
通 风	微风习习	通气不良	窗户配置便于通风
声音环境	安静	噪声干扰	使用隔声墙壁

续表 2-27

老年人对舒适性的要求	对房屋的要求	存在的困难	改善措施
私　密	保持私密	邻里互相干扰	与邻居的窗错开
安全易达	不易疲劳	层数过高	老年人居室在 3 层以下
地面平整	不易跌倒	高低不平	室内无高差

B　优质的居住环境

美好的往事会重新温暖、滋润老年人的生活，让他们有一种仿佛“回到过去时光”的感觉。一块石头，一棵老树，都承载着一段故事。很多东西都是老年人一生中不可缺少的。恋旧，值得居住环境从旧设计。

大部分老年人喜欢安静、清新的住房环境。老年人年纪越来越大，他们对居住的要求就相对要高一些，比如说周边不能太吵；有公园、有水而且有锻炼场所的住区是老年人最喜欢的；老年人不希望窗户对着烟囱，房屋位置、周围的景观、声音等都会对老年人的行为产生一定影响。自理能力受限制的老年人会希望选择距离医院交通方便的地方居住，希望居住在能提供照护服务、周边设施完善的环境中。

老年人注重日常生活的便利，希望买菜、求医方便，银行、邮局在附近。医疗设施的需求对老年人来说非常迫切，其次是文化娱乐、市场和家政服务设施。这个调查结果表明老年人对居住社区的需求较之以往更为多样化，居住社区有必要提供完善的公共设施，创造适宜老年人居住的生活环境。

2.4.2.2　厨卫设施调查

老年人占有厨房调查结果见表 2-28 和图 2-30。调查发现，绝大多数家庭都使用了独立厨房，但老城区和县、镇仍有少数家庭是与他人合用厨房，分别占 3.4% 和 5.0%，乡村都是独立厨房。

表 2-28　老年人占有厨房调查结果

项　目			厨　房		合　计
			独立厨房	合用厨房	
地区	城市	人数	196	7	203
		占比/%	96.6	3.4	100.0
		占总数的百分比/%	28.1	1.0	29.1
	县、镇	人数	247	13	260
		占比/%	95.0	5.0	100.0
		占总数的百分比/%	35.4	1.9	37.3
	乡村	人数	234	0	234
		占比/%	100.0	0	100.0
		占总数的百分比/%	33.6	0	33.6
合　计		人数	677	20	697
		占总数的百分比/%	97.1	2.9	100.0

注：此次调查发调查问卷 697 份，收回有效问卷 697 份，有效问卷占 100%，下同。

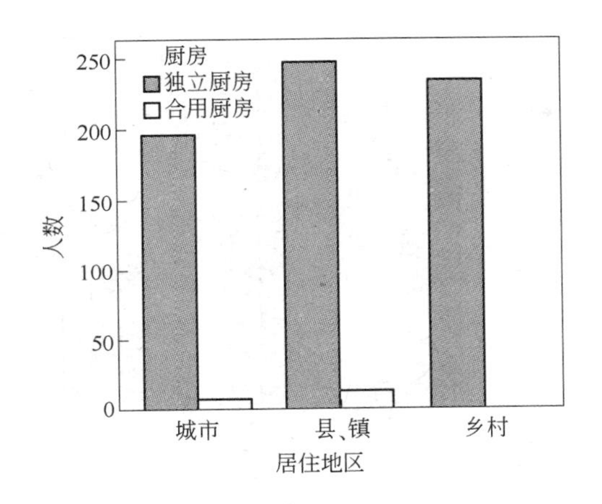

图 2-30　老年人占有厨房调查结果

老年人日常使用的能源直接关系到老年人的身体健康，老年人家用能源调查结果见表 2-29 和图 2-31。用来烧饭、洗澡的能源，城市 55.2% 使用管道天然气，40.9% 使用罐装液化气，3.9% 使用煤，没有使用薪柴的情况；县、镇 11.5% 使用管道天然气，57.5% 使用罐装液化气，30.8% 使用煤，没有使用薪柴的情况；乡村无使用管道天然气的，24.4% 使用罐装液化气，33.3% 使用煤，42.3% 使用薪柴，家庭粉尘浓度大，污染重。

表 2-29　老年人家用能源调查结果

项　目			能　源				合计
			管道天然气	灌装液化气	煤	薪柴	
居住地区	城市	人数	112	83	8	0	203
		占比/%	55.2	40.9	3.9	0	100.0
		占总数的百分比/%	16.1	11.9	1.1	0	29.1
	县、镇	人数	30	150	80	0	260
		占比/%	11.5	57.7	30.8	0	100.0
		占总数的百分比/%	4.3	21.5	11.5	0	37.3
	乡村	人数	0	57	78	99	234
		占比/%	0	24.4	33.3	42.3	100.0
		占总数的百分比/%	0	8.2	11.2	14.2	33.6
合　计		人数	142	290	166	99	697
		占总数的百分比/%	20.4	41.6	23.8	14.2	100.0

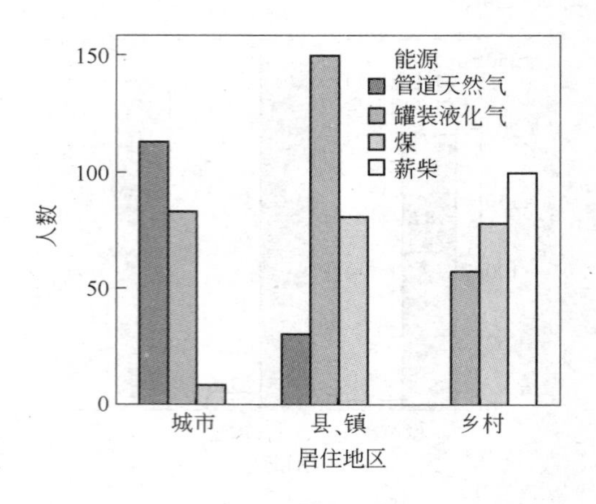

图 2-31　老年人家用能源调查结果

老年人卫生间使用情况调查结果见表 2-30 和图 2-32。从调查的情况来看，新建小区均有独立的卫生间，而旧城区的公房或非成套公房则缺乏卫生设施，但比例很小，城市和县、镇分别占 8.4% 和 8.5%。农村房屋空置率高，人均住房面积大，但基础设施卫生条件仍跟不上。使用水依赖自备蓄水池或使用井水，市政供水缺乏，无排水管线，污水肆意排放。

表 2-30　老年人卫生间使用情况调查结果

项　目			卫生间使用情况		合　计
			独立卫生间	合用卫生间	
居住地区	城市	人数	186	17	203
		占比/%	91.6	8.4	100.0
		占总数的百分比/%	26.7	2.4	29.1
	县、镇	人数	238	22	260
		占比/%	91.5	8.5	100.0
		占总数的百分比/%	34.1	3.2	37.3
	乡村	人数	234	0	234
		占比/%	100.0	0	100.0
		占总数的百分比/%	33.6	0	33.6
合　计		人数	658	39	697
		占总数的百分比/%	94.4	5.6	100.0

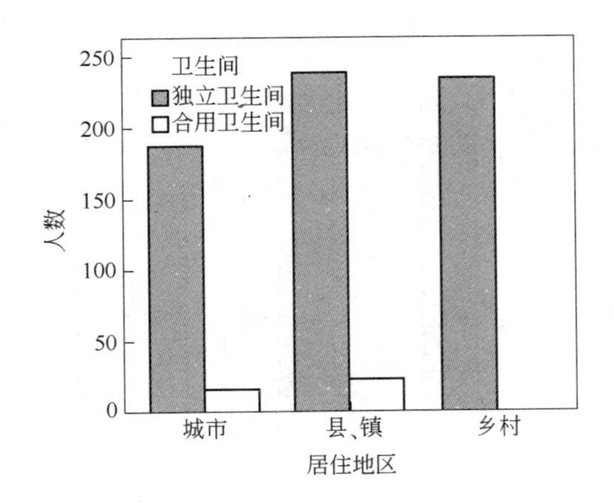

图 2-32 卫生间使用情况调查结果

卫生间分类情况调查结果见表 2-31 和图 2-33。城市已全部使用水洗厕所，县、镇的比例也达 81.2%，但乡村还有很多人在使用旱厕，比例达 39.3%。

表 2-31 卫生间分类情况调查结果

项目			卫生间类别		合计
			水洗厕所	旱厕	
居住地区	城市	人数	203	0	203
		占比/%	100.0	0	100.0
		占总数的百分比/%	29.1	0	29.1
	县、镇	人数	211	49	260
		占比/%	81.2	18.8	100.0
		占总数的百分比/%	30.3	7.0	37.3
	乡村	人数	142	92	234
		占比/%	60.7	39.3	100.0
		占总数的百分比/%	20.4	13.2	33.6
合计		人数	556	141	697
		占总数的百分比/%	79.8	20.2	100.0

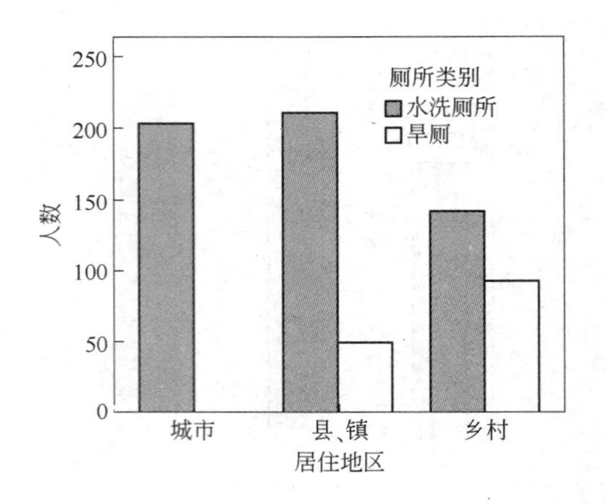

图 2-33　卫生间分类情况调查结果

2.5　社区的监护义务

从笔者调查结果的整体来看，湖南省老年人的生活态度基本令人满意。亲生子女赡养父母的意愿绝大多数是积极的，但个体能力的差别导致老年人生活质量有差别。少数家庭因财产分配不均或其他原因也有拒绝赡养父母的案例，而且子女对父母的赡养意愿也不尽如人意。

老年人消费普遍节约，娱乐开支很少，老年人对家庭照顾、疾病护理等需求强烈，但对购买养老服务产品的意愿淡薄，能接受的价位偏低，甚至不愿意购买，对子女及亲属依赖强烈。老年人交往以家庭核心交往为主，邻里交往与生活态度、身体状况和生活习惯关系密切，随着空巢、独居家庭的增加，邻里交往将取代家庭交往而成为老年人的第一人际关系网络。社区户外交往空间设计可以此为依据。老年人居住条件与社会平均水平仍存在一定差距，特别是乡村老年人的状况更令人担忧。

湖南省人口压力大，社会支持能力薄弱，笔者的调查发现，约五成老年人享受养老金和医疗保障，另外五成老年人经济上靠子女供养，所有老年人的疾病护理由家庭承担。家庭养老的功能并未减弱而且更加艰难。我国法律规定子女有赡养老年人的义务，却未对赡养人的年龄和能力做说明，老年子女或身体状况不好而无力赡养老年人时，社区应该承担监护义务。身体健康、居家养老的老年人，由于子女忙于事业，很难对他们进行周全的照料，一旦患病，无人陪护，因此希望社区协助养老。无儿无女或是终生未婚娶的老年人，包括独生子女夭折的父母，容易陷入无监护人的尴尬处境。医院看病住院无家属签字，入住养老机构无家属签字，而“签字”又是现行制度下的必需环节。这种凄凉的心情只有当事人才能体会，他们很可能因此“逃避”社会，即使患病也不外出就医。针对孤寡老年人，社区尤其要承担起“签字”的责任。

社区应该承担起监护老年人的义务。但调查显示，老年人遇到困难需要帮助时，首选想到的是配偶，其次是子女，接着是亲戚朋友，最后才是社区，人们对社区的期望值始终较低。而事实上社区居委会、志愿者和老龄委等提供的支持也十分有限，脉冲式的关心，并不能解决老年人的实际问题，甚至有可能引起人们的反感。

从现状看，大部分地区的社区服务内容单一，只有家政有偿服务，个别地区虽有政府培训的助老服务员，但基本都在养老机构中，没有进入社区。社区在康复护理、医疗保健、精神慰藉等服务上与人们的需求相差甚远，社区协助养老亟待加强。

3 中外养老模式的比较

中外文化迥然不同，欧美国家强调自由平等，我国注重长幼有序，在长期的历史演变中，各自形成了自己独立的养老体系。随着全球一体化时代的到来，中外文化亦在交流、碰撞、融和，养老模式殊途同归，相互借鉴。国家提供经济保障，社区提供公共服务，亲属朋友提供精神慰藉，是目前最理想的养老模式。

3.1 欧美国家养老模式

3.1.1 欧洲养老文化概述

3.1.1.1 欧洲传统养老文化的演变

古希腊社会本质上是奴隶社会，古希腊的家庭并非以血缘关系而是以一种隶属关系形成[25]，奴隶作为家庭的组成部分，就是从事劳动，为奴隶主家庭创造财富，奴隶的养老依附奴隶主家庭，也就是依附奴隶主而不是自己的子女，奴隶主依赖奴隶的供养生活；而自由民成年后一般与父母分离，另立门户，建立一个以自己为家长的新的家庭，子女也没有赡养父母的义务。古罗马时期的家庭与古希腊时期一脉相承，奴隶也是依靠奴隶主的恩赐获得养老保障，而不是接受子女的赡养；作为自由民的父母基于家长权在家庭内获得养老保障，但这种保障通常不一定是由自己的子女提供，而是一种契约养老的雏形[26~28]。

在中世纪的欧洲，不少贵族在早年便加入基督教会，常将大量财产赠予修道院，保证了年老后被赡养。城市手工业作坊很少在父子间相传，通常是师傅在老年阶段将作坊传给学徒，从而自己的养老问题能在作坊内部由学徒保障。中世纪的欧洲农村，流行一种老年人与年轻人签订退休协议的习俗。年迈的农民将农场及相关财产转让给家中的年轻人，年轻人按照与老年人签订的协议，定期向老年人提供生活所需品，这样老年人的养老保障问题也能在家庭内部得到解决，类似于手工业作坊中学徒对师傅的赡养。值得一提的是，根据退休协议赡养老年人的并不一定是他们自己的子女，因为“常常可以发现，农场被移交给那些与前主人毫无关系的人手中”[29]。这种养老方式沿袭了古罗马时期的养老风格。在前工业时代，农业地区的交通不发达，货币交易量少，赡养老年农民只能在家庭内部进行。只有在近城的农业地区，才有可能接受货币经济，养老协议才有可能适应货币供养。

综合看来，中世纪欧洲的家庭以核心家庭为主，已婚子女一般不和父母住在一起。代际财产传递也没有为家庭养老提供条件，更多地体现在老年人基于拥有财产并将之转移给他人而获得养老保障；依附于手工业者家庭的学徒通常能得到主人的收养而最后赡养其收养人；教会主办的慈善机构在接济那些不被主人收留的依附者以及破产的手工业者和农民方面发挥了重要的作用；同时行业协会也为其成员提供着包括养老在内的一系列保障。这种养老方式可以说是社会养老和互助养老的雏形，为日后社会养老保障机制的建立奠定了坚实的基础。

工业化初期的欧洲，封建制度迅速瓦解而资本主义制度逐步形成，家庭作为一个生产单位的情形逐步消失，家庭内部主人与帮工、学徒、家佣及寄居者的关系逐步演变为早期资本主义企业中雇主和雇员的关系，以婚姻和血缘关系为基础的现代化家庭概念得以形成。在城市，随着社会化生产水平的提高，家庭式手工作坊越来越少，能靠转移作坊给年轻人以获得养老保障的机会也就越来越少，于是即使是形式上的家庭养老保障也逐渐瓦解。

欧洲中世纪的贵族将大笔财产赠予修道院从而保证老年被赡养的做法，在工业化初期得到进一步的推广与发扬。工业化初期，不仅是贵族，就连普通劳动者也开始采用这种方式来保证自己的老年生活。这种赠予逐步变成契约化的形式，而且与人们签订养老契约的机构已不限于教会，还包括地方政府、兄弟会、友爱社等众多机构。更为关键的是，工业化初期还出现了与老年人签订养老契约的专业机构。契约养老作为重要的社会化养老方式，成为近代养老保险的前身。

同时，从中世纪末期开始，教会在欧洲社会中的地位日益下降，国家权力逐步取代教会权力，承担各种社会职能，其中最重要的一个方面就是接济包括老年人在内的众多生活没有着落的人。欧洲各国从 17 世纪初开始先后出台了一系列济贫法律[30]。

3.1.1.2　家庭结构类型

家庭的发展，在不同文化背景中，其“生命周期”也不同。先是由父母与子女组成核心家庭，如图 3-1 所示。核心家庭是欧美许多家庭的标准形式，核心家庭作为理想模式，将独立生活作为完整的成年人身份的主要标志，这正是青年人追求的目标。核心家庭伴随着家庭成员步入老年、退休，在子女离家后，会导致“空巢”现象，老年夫妇独居。

核心家庭继续扩大，成年子女（通常是长子或幼子）成婚后仍与父母生活在一起，承担照顾父母的责任并孕育第三代，形成三代或四代同堂的主干家庭，如图 3-2 所示。

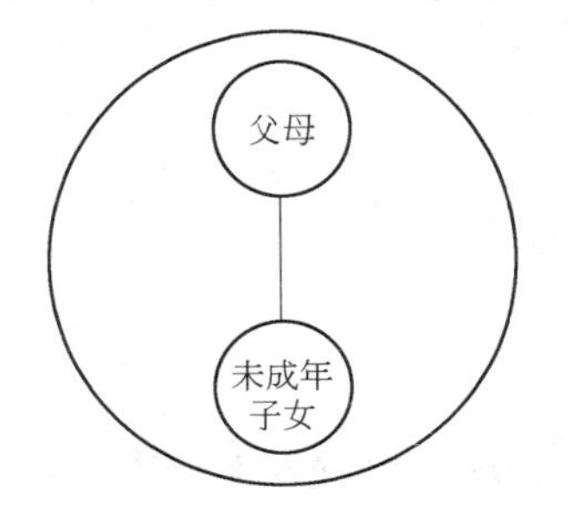

图 3-1　核心家庭示意图

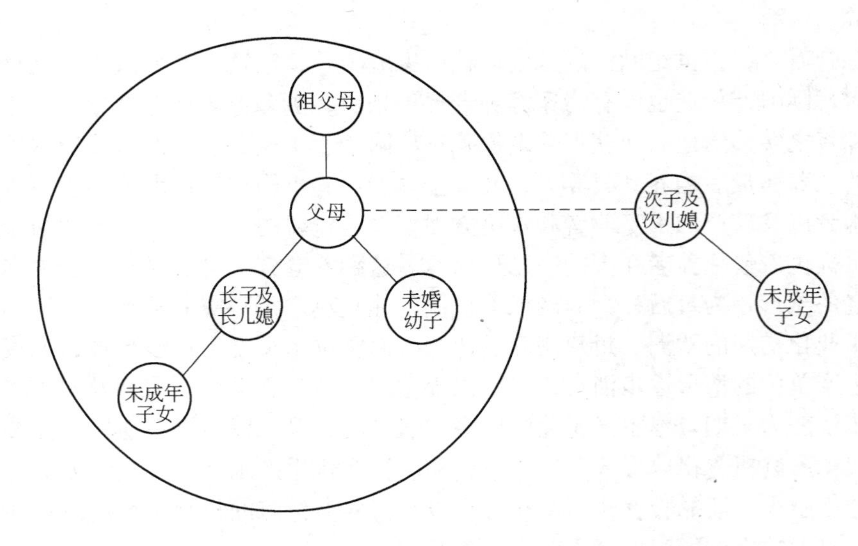

图 3-2　主干家庭示意图

如果成年子女婚后与父母不分家，则延伸出联合家庭（扩大家庭），如图3-3所示。联合家庭包括隔代亲戚，比如祖父母与孙子女，当若干子女未独立门户，婚后、育后仍居于家庭之内时，便延伸出旁系分支，比如叔舅、姑姨和堂表兄弟姐妹。

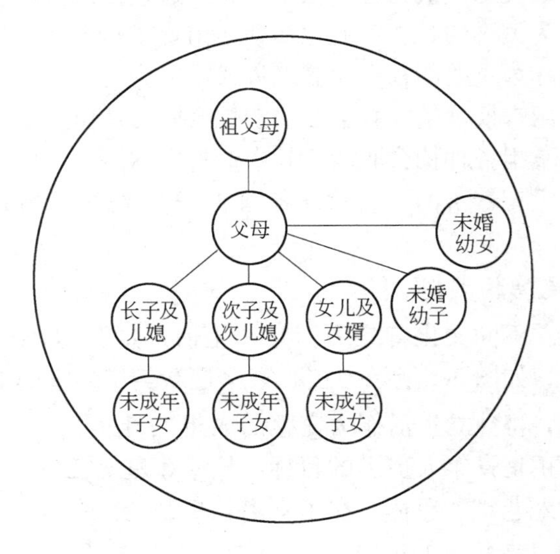

图 3-3　联合家庭示意图

3.1.2　欧洲国家养老模式

从 3.1.1 节的叙述可知，虽然欧洲养老模式在各个时期的表现形式各不相同，但是仍然存在着一定的规律性，即家庭养老很早就相当弱化了。主要表现为历史上的主流家庭类型是核心家庭，不承担赡养父母的义务。代际财产传递（继承人养老）、契约养老和宗教等救助机制的实施才是养老的保障。

20 世纪 40 年代以后，养老服务在国际上被认为是每一个人都应当享有的“公民权利”首先在欧洲发展起来。以养老服务为其重点内容之一的“社会服务”逐渐成为国家福利的结构性的重要组成部分（不要求子女承担赡养义务），其中瑞典、英国、德国成为社会福利制度的样板，其成功的经验值得我们借鉴。

3.1.2.1 瑞典

瑞典老年福利政策的基本目标是使老年人有可靠的经济收入来源、良好的住房条件和必要的社会服务，并有机会参加各种有意义的社会活动。

A 经济保障

瑞典社会是一个极端重视独立和个人完整的社会，国家开支中相当大的部分专用于协助老年人独立生活。瑞典具有完善的退休金制度，规定退休人员享有的退休金应平均达到 45 ~64 岁人们收入的 70% 。

瑞典养老金的来源包括以下三部分：

（1）保障养老金。65 岁以上的瑞典公民人人有份且数额相同，旨在保障公民的基本生活要求。

（2）附加养老金。以一个人一生收入的多少和纳税情况评算。促使人们终生努力工作，多赚钱，以便退休后多拿养老金。

（3）灵活的退休年龄。一个人可以从 61 岁起退休，但也有权工作到 67 岁。对于退休金较低的退休人员，还有其他行之有效的经济补助，例如 21% 的退休男性和 42% 的退休女性接受额外津贴以偿付部分膳宿所需[31]。

B 医疗保障

除经济保障之外，瑞典还建立了多渠道的社会保障服务体系，如基本生活保障、医疗保障、文化娱乐保障等。瑞典具备完善的养老服务组织机构，养老服务工作机构分国家级、地区级、县级三级。

老年人的医疗保障最早由教会负责，其目的在于保障全国人民具有良好的健康状况。患慢性病需要长期护理的老年人享受家庭护理，由本地区医护人员负责，国家发给家庭护理补助费。医院设老年病科，需要长期住院医治的老年人可以住疗养院医治。此外，还为老年病人和残疾人设有康复中心，康复中心有医生、康复技师、心理学家，向患者提供治疗和咨询。

C 社会服务保障

瑞典的退休人员在合理的经济基础上享受独立生活仍可得到社会保障。官方的家庭协助组织是使独立生活成为可能的一个具体措施。非正式照顾组织（配偶、子女、邻居、亲戚和朋友）给老年人的独立生活给予了巨大的帮助。在接受

某种帮助的老年人中，42%只接受非正式组织的照顾，36%只接受正式组织的照顾，其余的人所接受的照顾来自双方[32]。

为了在生活上帮助散居的老年人，社区还雇佣走家串户的家庭服务员定时上门为散居的老年人购物、备餐、整理卧室和处理家务。边远地区的邮递员还在送信途中负责探视分散居住的老年人，服务费用由政府支付。

瑞典的国立图书馆为老年读者送书上门，并调查老年人的阅读意向，编制老年人爱读的图书目录，供老年人选择参考。对偏僻地区，由流动图书馆为老年读者服务。

以社区服务为主渠道建立全方位的老年社会服务体系，由市级政府提供社会服务保障，在全市建立政府服务网，向老年人提供全天候服务。政府的基本政策是使每个老年人尽可能长时间地居住在家中，到不能完全独立生活时再住到养老院直到生命终结[33]。

D　住房保障

瑞典对所有低收入的退休者给予住房补贴，规定凡是领取国家普遍养老金的老年人都可以领到住宅津贴，以避免这部分人退休后住房质量下降，保证了所有退休老年人都能拥有住房。同时向行动不便的高龄老年人提供住宅，对他们进行特别护理。对原来居住的一般性住宅不适于年老后居住的，政府免费为老年人改建住房，也可以由老年人自行改建，政府发给修建补助或贷款，使之更适于老年人居住。

E　与子女的关系

在瑞典，老年人在遇到突发性和临时性问题时，通常求助于子女，子女成为老年人获得帮助的主要来源之一。事实上，老年人在住房和经济上的独立才是这种“亲密”的基础。瑞典的成年子女与父母通常是独立分开居住的，多数老年人夫妇拥有养老金和自己的积蓄，保持经济上的独立，不需要子女的家庭赡养，子女仅在节假日以赠送礼物的形式来表达其孝心，如果年轻的子女在经济上遇到困难，父母则继续提供援助。这与我国现阶段城市中父母与子女的关系类似，这是中外养老模式逐步交融的反映。一旦老年人成为完全被照顾的一方，就意味着其社会地位的下降。如果老年人在经济上不能独立、生活上不能自理，就难以与子女保持相互的帮助和扶持，“亲密”的情形也就很难维持了。

3.1.2.2　英国

英国是欧美社会福利制度的发源地，其养老制度在20世纪经过长达50多年的演变，让老年人拥有了更多“实惠”，如养老金、住房、医疗方面都有完善的政策等。英国的养老制度首先强调老年人是否达到最低生活水准，是否满足了一个人应享有的生活条件。这样“务实”的养老方式既沿袭了传统的养老习俗，又增加了多方面的具体待遇。这种变化既受其政治因素、经济因素的影响，也有其不可忽视的文化背景。

英国的福利制度脱胎于早期的《济贫法》，给予贫困老年人的是物质上的帮助。在几个世纪中，《济贫法》的内容一直表现在对穷人衣、食、宿的关注上，因此英国式的养老更注重老年人的具体物质保障，而很少从老年人为社会做贡献、抚养子女的辛劳等方面强调老年人应得的福利和权利。至于老年人精神方面的要求，英国式的养老体系没有加以考虑。

在沿袭传统养老方式的基础上，在经济学家、哲学家的努力下，英国的福利制度具有了更加详细、更加直观、更加科学的特点。英国的养老服务属于“混合型福利”模式。

2001 年，英国的护理院由地方政府办的只占 17%，由民间志愿组织办的占 21%，而由私人开办和管理的占63%。由政府办的社会服务体系接纳的老年人需要经过家庭财产调查，而且接收人员的数目受控制，申请人员大多需要长时间的排队等候。私立的护理机构则需要高昂的费用，但相应的其条件比政府办的要好。这些服务机构不把产出的最大利润作为最终的追求。政府通过制定标准、加强监管和减税等措施，使各种类型机构提供的养老服务都具有不同程度的福利性。

社区照顾作为一种理念，最先由英国提出。英国公民参与志愿服务的意识强烈，现阶段英国社区内提供的社会照顾服务包括儿童家庭服务、家庭护理服务、老年人（残疾人）日常照顾服务、咨询服务等四大类几十个小项的服务。早在 2001 年，英国已有非官方（志愿）护理人员 590 万人，其中主要是女性，约有 250 ~ 340 万人；现阶段已登记注册的民间公益组织近 20 万个，其中以社区为基础的小型组织占绝大多数，组织规模较大的约 1 万个，属于大型组织的有 400 个❶。社区护理工作的一部分由社区志愿组织承担，或者由专业的医生、护士以及机构专职人员承担。社区护理工作有一部分服务是免费的，医生、护士以及机构专职人员在工作时间或业余时间会到有需要的老年人家中进行免费的走访、指导、服务等，还有在校学生和热心助人的邻居等也会承担相关工作。这些免费服务的提供者一般是已有职业收入的人或尚未进入职业生涯的学生。另一部分的服务并不是免费的，或虽不对服务对象收费但有某种渠道的收入为服务的提供者支付成本或报酬，服务的支出实际上绝大部分来自政府的预算[34]。

3.1.2.3 德国

在德国的老年人社会保障体系中，养老院一直是提供养老服务的主要载体。为了适应老龄化社会的现实需要，德国政府和社会各方近年投入了较大力量发展养老设施。目前德国各种类型的养老院有 11000 家以上，其中约半数为公益性

❶数据来源：http：//www. aqsc. cn/101813/101946/225783. html。

质，即由社会团体、教会以及相关的机构开办；私营养老院约4300个，占总数的39.2%；公共部门兴办的养老院为635个，占总数的5.7%[35]。

如今纯粹的养老院（即只提供生活料理的敬老院）在德国已经基本消失，取而代之的是养老院和护理院合二为一的“护养院”。据统计，德国的护养院总共可以提供近80万张床位。德国的定点养老机构虽然在不断增加，但德国大多数老年人仍然喜欢住在家中。其中一个重要原因就是养老院的费用远远超过了一般退休人员的支付能力。另外还有相当一批老年人不喜欢养老院的生活，尽管他们年事已高，疾病缠身，但也宁愿守在家中。于是针对老年人的“上门护理和家政服务”应运而生。

在各种优化老年服务中，近年在德国方兴未艾的“多代同堂”（也可叫“老少之家”）特别值得一提，也正好与德国政府开始实行的“就地老化”制度相吻合。“多代同堂”对老年人的心理、健康、生活的全面服务都在社区内进行，老年人不必脱离原有社区的人际关系。这是德国联邦政府倡议和扶助的一个项目，“老少之家”目前在德国已有500家。

从形式上看，德国的“多代同堂”有点像我国的社区活动站，它的服务对象是社区内各个年龄段的居民，但以老年人为服务重点。“多代同堂”一般设在一个综合服务区里，拥有活动室、会议厅和咖啡屋等硬件设施。“多代同堂”不仅给居民提供了一个相互交往和信息交流的平台，而且还能根据不同年龄段居民和家庭的需要提供上百种服务。“多代同堂”的理念和宗旨是“挖潜补缺，平衡和谐”，即充分调动和利用社会资源，弥补不同家庭的缺失，谋求社区的一种“平衡”，创建一种“和谐”的生活。

为了解决老年护理人员短缺的问题，德国政府还实施了一项特殊政策——“储存时间”制度。该制度规定公民年满18岁后，要利用公休日或节假日义务为老年人公寓或老年病康复中心服务。参加老年人看护的义务工作者可以累计服务时间，换取年老后自己享受他人为自己服务的时间。为了关爱老年人，提高服务质量，德国政府和社会多年来一直在积极探索，寻找更多更好的解决办法，比如建造方便老年人生活的“老年人公寓”和“老年人居住小区”等。这种住房一般能够得到国家的补贴，设计上也充分考虑老年人的需要，如建造无障碍通道、电动扶梯以及安装便于老年人出行和生活起居的设备等。

2006年，德国政府推出了一项叫“多代公寓”的计划，以解决人口老龄化问题。“多代公寓”的目标是把各个年龄段的人吸引到一幢公寓中居住。公寓中有孩子，有年轻人，有老年人，大家互相帮助，如同一个大家庭。德国政府的目标是每个城市至少有一幢“多代公寓”[36]。

3.1.3 北美国家养老模式

社会化服务是北美国家老年人获得养老服务的主要形式。在美国和加拿大的养老服务业领域起主导作用的既不是政府，也不是家庭，而是社会。目前，美国和加拿大的养老服务机构主要有营利性的服务机构、非营利性的服务机构、政府公立的服务机构三类[37]。

美国政府和加拿大政府鼓励举办非营利性质的养老机构，政府也参与投入。非营利性养老机构自主运营，政府向其购买服务，并采取税收优惠、经费补贴政策予以扶持。政府承担的服务项目，包括居住、培训、助餐、文化活动、家务等服务，政府可以指定不同的社会服务机构承担这些业务。美国和加拿大的非营利性养老机构或组织已经有上百年的发展历史，拥有庞大的社会资产，在法律权属和经营管理上也十分成熟。非营利性机构和组织资产的发展靠私人和政府的双重投入（以及得益于政府优惠和政府扶持），但政府和私人都无权挪用。资产属于非营利性机构，由选举产生的义务董事局管理，每年由专业会计审核，只能用于提供相关服务。

美国和加拿大的非营利性机构或组织的社会公益资产，即我们所说的集体资产，已经与政府所有资产、私有资产形成三足鼎立的格局。在养老服务方面，社会公益资产发展越来越大，基础越来越好，成为养老服务的重要资源和政府依赖的服务主体。

3.1.3.1 美国

美国的养老制度建立在法制基础之上。美国联邦政府继1935年出台《美国社会保障法》后，1965年又推出了《美国老年人法》，之后还有《老年人社区服务就业法》、《补充保障收入法案》、《医疗照顾保险法案》、《老年人营养方案》、《老年人个人健康教育与培训方案》、《食品券法案》、《住房补助法案》和《多目标老人中心方案》等一系列与老年人生活密切相关的社会福利法案，将老年人的收入、健康、服务、居住、学习、娱乐等均纳入法制管理范围，为老年人构建起一张较为完善的社会安全网。

美国绝大多数老年人是居家养老，由社区或许可的服务机构开展上门服务。为确保对居家老年人服务到位，美国注重信息化建设，推广家庭紧急救助系统。该系统由与互联网连接的电脑、电视、电话和一系列传感器组成。这些传感器被精心放置在浴室、厨房、出入口和卧室，用来监视老年人家中情况并记录他们的行为。如果家里一段时间没动静或房门传感器在一定时间内一直关闭，系统就会向家人发出警报。通过电视界面，家人可观察老年人的情况。即使相隔千里，老年人也能经常和家人交流。老年人服务中心还设有综合性评估团队，对服务质量定期评估。

无论是让成年子女在离婚或丧偶后搬回父母家居住，还是让年迈的父母在丧偶或失去自理能力后住进子女家中，美国中产阶级老年人面对独立生活与需要照顾这一冲突时，做出的决定往往是住进一个退休社区。通过经济手段得到照顾并

不意味着丧失独立性，而社区内伙伴间的照顾是互惠性的，也不具备依赖性，这就是欧美主流社会老年人社区普及的原因（但老年人社区在我国并不具备这样的背景和文化特征，所以不宜大量开发）。美国的机构养老根据不同功能分成三类：第一类为技术护理照顾型养老机构，主要赡养需24小时精心医疗照顾，需要护士以上级别的护理，如理疗、静脉注射、吸氧、人工呼吸等，但又不需经常性去医院治疗的老年人；第二类为中级护理照顾型养老机构，主要赡养无严重疾病，需24小时监护、护理但不需技术护理照顾的老年人，一般护工就能完成其护理工作，主要是日常生活帮助等；第三类为一般照顾型养老机构，主要赡养需要提供膳食和个人帮助但不需要医疗服务及24小时生活护理服务的老年人。

目前，美国共有养老院、老年人公寓、护理院、老年人服务中心、托老所等养老机构2万多家，形成了一个覆盖面广、内容丰富的养老服务体系，每一个有需要的老年人都能在不同的机构中得到合适的服务和帮助。

3.1.3.2　加拿大

加拿大政府有关老年人经济保障、住房保障、医疗保障、环境保障的政府职责十分明确[46]。例如，住房保障方面，加拿大的公营老年人住房，主要由三级政府（联邦政府、省政府和市政府）相关部门协调，对养老设施进行规划、建设和物业管理；服务老年人的住房，由当地的市政府提供建设用地，加拿大联邦政府的房屋贷款和住房公司（该公司是联邦政府的公营机构）为老年人住房建设提供财政支持，而老年人住公营住房的审批和住房补贴发放则主要由省政府相关部门负责，并提供日常经费。其他如经济保障、医疗保障、环境保障的职能安排是：联邦政府的人力资源发展部负责老年人的退休金和养老金；各省（地区）政府负责老年人医疗保障问题（联邦政府也下拨经费，大部分与老年人相关服务都来自医疗支出）；各市政府主要为老年人营造适宜的生存环境。各级政府税种和分税比例不一样，承担的养老责任也不一样。

加拿大老年人的住房选择方式非常多，普通的老年人公寓有成年人生活社区、终身租赁屋、退休屋；对低收入老年人有可负担住房、租金补助房、联营房、扶助房等。

（1）老年人公寓。老年人公寓主要是为能够自理的老年人提供住房。加拿大老年人在达到退休年龄，符合一定条件后即可以申请老年人公寓。老年人公寓为老年人提供专业化、标准化的全方位服务。

（2）老年人生活辅助机构。居住在老年人生活辅助机构中的老年人不需要专业性强的护理，所以老年人生活辅助机构主要侧重于日常生活看护服务。老年人日间照料中心主要为高龄、体弱、有慢性病的老年人服务，提供日间护理、助餐、康复训练等服务，服务对象明确是高龄和自理能力较差的老年人。老年人日间照料中心有的与社区活动中心结合在一起，有的与老年人护理院结合在一起。

(3) 老年人护理康复院（介助型和特护型）。老年人护理康复院主要为高龄、失能、半失能、失智的老年人提供长期照护、康复服务和临终关怀服务。

纵观欧美社会的发展历史，由于不具备亲情养老的先天条件，社会养老承担更多的责任，并日臻完善。但从20世纪70年代初开始，欧美社会中老年人与子女的关系呈现出一种较任何时候都亲密的景象，在主要的英语语种国家中，在多数情况下，子女对父母表露出孝敬和负责任的态度，承认对老年人提供帮助是自己的责任和义务[31]。

必须注意的是，老年人与其他年龄段人之间的援助是一个双向的、“相互依赖”的问题，而不是一个单向依赖的问题。“养儿防老”，事实上赡养自己年迈的父母也是为自己年迈时得到应有的照顾奠定一个道德基础。向老年人提供援助也是一种互惠行为。老年人仍有一定的实力，也有一定的财产、社会地位、知识和智慧，另外，许多老年人仍然参加生产并在家庭经济中担任重要角色。随着经济的发展，照顾老年人的责任正在逐渐转移，由公共赡养制度承担。

目前在绝大多数欧美国家中，老年人为获得社会救济所接受的家计调查完全排除了子女的财产。一些调查也表明，老年人年纪越大，自理能力越差，从子女处得到的帮助越少，从各种机构得到的帮助越多。这种现象反映了现代欧美社会养老文化的历史渊源。父母与子女的关系并非一种赤裸裸的经济关系，而是动物本能的体现。大多数老年人独立居住，在经济上不依赖子女，情感上仍保持相互慰藉，但这不能说是家庭养老。

3.2 我国传统养老文化及周边国家的养老模式

3.2.1 我国传统养老文化

3.2.1.1 宗族大家庭

我国与欧美国家不同，早在夏商周时期即盛行宗法式大家庭。宗法式家庭从根本上说是同宗的血缘组织，尊祖续后绵延子嗣是宗法观念的核心。社会上存在着若干个大宗族，每个宗族大家庭包含着数个规模小一级的次级家庭，次级的家庭又包含一些更小的家庭，这样按血缘关系层层下推，底层的便是一个个小家庭。宗法式大家庭为家族养老奠定了基础。血缘养老成为中国历史和中国文化的一部分。

人们通常认为当时的家庭生活特点是：同宗的人累世共居，共同拥有财产，一口锅里吃饭；他们拥有共同的祖先，在同一墓地上祭祀，除了分封领地与自然社会灾乱，人们大多安于故土。虽然不能说宗族大家庭就是社会的基本单位，但父母与子女共同生活，共同拥有财产的家庭模式为老年人在家庭内得到子女赡养

创造了充分的条件。

春秋时期，国家大力支持子女赡养父母。宗子作为宗族的首领，主持宗族内的互助互济活动。当时宗族内的人们奉行“有余则归之宗，不足则资之宗”，即多余的财物上交宗子，日用不足则从那里获取，保证了包括赡养老年人在内的家庭生活[38]。

战国末期，社会混乱，宗法制度废止。秦朝时，国家强制父子分家，实行小家庭政策，血缘关系的纽带一度弱化。

西汉虽然打击危害中央集权的大家族势力，但大力倡导和支持子女孝养父母，重要的举措有复除、赐帛、举孝廉、授老年人以王杖等。

3.2.1.2 世家大族式家庭

东汉末年，国家不再压制大家族势力，既而出现了世家大族式家庭。世家大族逐步与国家政权相结合而日渐强大。这种世家大族式家庭是战国以来各个大族诸姓中某一辈显赫人物聚合许多同宗子弟的家庭而来，与宗法式大家庭相同的是，它反映着夏商周时期以来深入人心的宗法观念，只是维持家族的方式从原来的“宗子之法”（即嫡长子为宗）改为“谱牒之法”（即以门第官人）。在世家大族式家庭中，人们重新得以累世共居，共财共货，共饮共食，这些是对原来宗法式大家庭的重要继承。当然世家大族式家族制度对宗法式家族制度最根本的继承是其精神，即“始于事亲，中于事君，终于立身”的“孝”，在这样的家庭模式中，父母得到子女赡养是自然而然的事情[39]。

道教和佛教教规的调整也反映了这一时期子女孝养父母的观念。产生于东汉末年的道教，在初期曾直接要求入教者离开父母出家修行，这显然很容易使入教者的父母陷于生活无依靠的境地，大多数人无法接受。后来这条教规经过调整而改为为人子女者须经过父母同意才能离家修道，道教这才开始在民间得到较广泛的认同。这些说明子女孝养父母的观念根深蒂固，连宗教的传播与普及也不能与之相悖。

唐朝皇帝提倡孝道，谥号均以“孝”冠之。唐高祖李渊曾下诏曰“民禀五常，仁义斯重，士有百行，孝敬为先”，唐玄宗李隆基还亲自为《孝经》作注。而“诸祖父母、父母在，而子孙别籍异财者，徒三年”，表明唐朝同样禁止父子别籍异财[40]。

世家大族式家庭到唐初达到鼎盛，与宗法式大家庭相似，世家大族式家庭的族长（相当于宗法式大家庭的宗子）同样主持族内的互助互济活动，保证赡养老年人在内的家庭生活。唐末，世家大族日渐衰落。五代十国时期，朝代更替速度之快前所未有，社会陷入严重的动荡之中，世家大族崩解。

宋朝时期，人们看到了唐末以来社会混乱与世家大族衰败有密切关联，因而希望重振原来的世家大族制度。国家用“旌表门闾”的精神鼓励方法来提倡，而且还用“免其杂科”、“免其徭役”甚至“每岁贷粟”等物质手段来扶植[41]。从税收政策上鼓励子女赡养父母在我国目前的养老制度中尚未提及，值得向古代学习。

3.2.1.3 族权式家族制度

历史难以逆转，虽然世家大族式家庭没有能够“恢复”，但是祠堂族长的族权式家族制度却得以形成。尽管“宗子之法”和“谱牒之法”皆废，祠堂族长的族权式家族制度与原来的世家大族式家族制度和宗法式家族制度在形式上有明显区别，但是它们在根本精神上一脉相承，还是“始于事亲，中于事君，终于立身”的“孝”。祠堂族长的族权式家族对原来家族制度的继承体现在家谱、家训和家规之中。在祠堂族长的族权式家族中，人们修家谱、建祠堂，以恢复敬宗爱长的古风，所以方孝孺说：“尊祖之次莫过于重谱。”而顾炎武也总结道：“及明之初，风俗淳厚，而爱亲敬长之道达诸天下，其能以宗法训其家人而立庙（祠堂）以祀者，……往往而有。”修家谱和祠堂祭祀作为家庭和家族中最重要的事，均由族内的长者来主持，这体现了老年人的尊贵地位。而且，子女与父母别籍异财不仅被族规认定是不孝，也被宋朝及其之后各个朝代的国法所禁止。

宋朝以来，在祠堂族长的族权式家族制度下，不仅居住和财产所有方式为老年人获得子女孝养提供坚实的基础，而且家谱和祠堂的存在也表明了老年人在家庭和家族内所处的尊贵地位。这种家族制度从宋代开始盛行，历经元、明、清三个朝代，直到新中国成立以前还保持着初期形态结构方面的主要特点[42]。可以说，宋朝以来我国的老年人在家庭内得到子女的孝养，与祠堂族长的族权式家族制度的盛行密不可分。

在传统社会里，供养老年人是一个很大的经济负担。如果老年人有较多的子女尤其是儿子，则供养老年人的经济负担就会分摊到几个家庭上，负担就大大地减轻了，老年人也有可能享受比较舒适、富足的晚年。于是人们在年轻时（育龄阶段）尽量多生孩子，以能“养儿防老”。在农业社会里，男子的体力劳动能力强于女子，男子在家庭乃至在社会上都占据主导地位。所以赡养老人，儿子是第一赡养责任人，其次是夫家侄儿，然后才是女儿。传统家庭内赡养关系如图 3-4 所示。

此外，宋朝初期便开始设置的“族田”是祠堂族长的族权式家族的重要特点，其收入用来开支家族中的各项费用，接济族内老弱孤寡贫病疾废的人。在祠堂族长的族权式家族中，基于族田而存在的家族内互济活动是对早期宗法式家族和世家大族式家族中相关互济活动的继承，继续作为家庭内子女赡养父母的一种补充，赡养中的族内互济关系如图 3-5 所示。直到 1949 年新中国成立，族田被政府没收，其历史使命才宣告终结。

目前我国农村虽然还是以家庭养老为主，但儿子的数量已大为减少，又不存

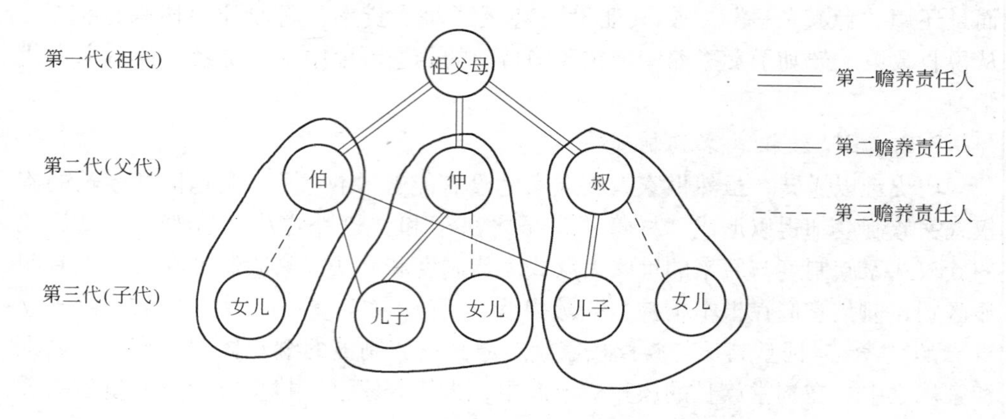

图 3-4　传统家庭内赡养关系

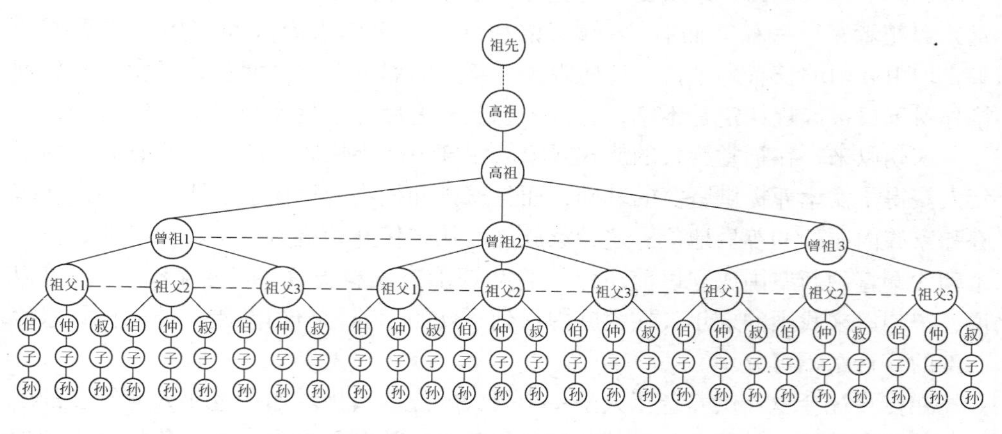

图 3-5　赡养中的族内互济关系

在家族内的互济，小家庭养老的风险增大，老年人的处境更为艰难。

3.2.2　我国周边国家养老模式

日本、韩国、新加坡等我国周边国家，受中国传统文化的影响，子女承担赡养父母的责任。大多数老年人和成年子女住在同一个家中，大部分老年人在子女家中受到照料直至去世。

3.2.2.1　日本

A　老年人的家庭照料

日本是最早进入老龄化社会的国家之一，也是世界上人均寿命最长的工业化国家。受中国传统养老文化的影响，日本成年子女承担赡养父母的义务。根据1985 年日本全国人口调查，64.5% 的 65 岁及以上的老年人和成年子女一起生活。

传统的居住状况——同时亦意味着家庭照料年老父母——仍然较好地被保持下来。甚至在大城市，50%以上的老年人也和子女一起生活。在非大城市中这一比例则更高，70%以上的老年人和子女一起生活。

由于受到其他因素的影响，如较高的生活标准、欧美文明的渗入、自我意识的觉醒，日本老年人的家庭赡养观念近年来发生了巨大的变化，即年老的一代人和年轻的一代人开始喜欢分开居住，以便享有各自的独立和自由。职业妇女的数量不断增加，许多已婚中年妇女曾经是赡养年老父母最可靠的照料人，现在因各种原因外出就业，减少了照顾老年人的机会。

1985～2005年，在日本社会工业化和城市化的同时，与子女一起生活的老年人的比例按每年0.82%的速度迅速下降。即使如此，2006年，仍有20%的日本老年人和子女一起生活[43]。

B　子女对老年人的经济援助

日本成年子女对年老父母的经济资助明显减少。在不向年老父母提供经济资助的人中，有54%的人认为他们的父母不需要这种资助。不断下降的对年老父母的经济资助比例，也反映出主要由公共养老金计划开发的经济保障使得老年人在经济上更加独立[44]。

C　失能老年人的照料

最近日本人口变化的一个特征，是未婚老年人和无子女的老年人数量与老年人口总量一起增加。即使老年人有子女，子女数量也比以前少。在这种情况下，老年人依赖子女的机会明显减少，而且80岁及以上的高龄老年人数量明显增加，被赡养的年老父母不断增大的年龄意味着照料父母的子女的年龄也是很大的。在许多情况下，子女本身已经老了，自身的健康也不是很好，就不能够提供高龄父母所需要的照料。

家庭照料失能失智老年人的种种困难也使得照料者的态度发生了很大变化。虽然日本90%以上的中年人认为，照料卧床父母是家庭的责任，但是几乎一半的卧床老年人实际上被安置在医院或养老机构中。被养老机构赡养的老年人，或是无子女，或是失能失智以致无法由家庭照料，或是老年人喜欢医院或疗养院照料，或是存在家庭纠纷等。

照料老年人的家庭能最敏感地感觉到人与社会变化的冲击。如果家庭照料能力不足时，照料质量可能较差。同时由家人照顾失能失智老年人，提供照料的家庭的牺牲也可能是巨大的[45]。

D　老年人的住房保障

日本早在1968年就提出了“银发住宅建设计划”，其养老模式参照欧美国家的同时，注重家人孝敬老年人的传统，并鼓励提倡老年人和家人住在一起。

从居住模式上来说，提供日本老年人住宅大致可以分为两种类型：一种是开

发“两代居”型老年人住宅以及新建和改造满足老年人需要的、在宅养老型老年人住宅；另一种是开发建设老年人公寓。

从住宅管理上来说，日本的老年人住宅可分为国家建设地方管理型老年人住宅和押金式老年人住宅。前者属于福利型养老机构或由民间房产主建设的专供老年人使用的集合住宅，由政府出资征用后租给老年人居住并给予房租补贴。后者由地方住宅供给公社出资建设，专供60岁以上的老年人家庭使用，并以收取押金方式提供使用权。在日本廉租房保障制度中，优良租赁住宅由地方住宅公团直接建设或由民间建设、地方住宅公社或社会福利法人购买后租给老年人地方住宅公团、住宅公社或福利法人负责管理[46]。日本政府对老年人应交付的租金给予补贴，提供贷款优惠鼓励个人和公司出资兴办老年人住宅。这样一方面减轻了政府的负担，另一方面也促进了地区性小规模养老设施的发展[47]。

日本老年人只要经专门机构体检，认定确属需要，就可得到不同等级的居家护理和生活服务，也可选择入住疗养院、托老所、护养院和养老院等，费用90%由国家和地方政府通过保险制度支付，个人仅需负担10%[48]。

日本的老年人住宅适合老年人行为，设计内容涉及老年人房间和其他空间合理布置要求、设置扶手和消除高差等方面的要求，并提出了一些参照数据以供设计者选择。目的在于帮助老年人住户尽可能长地保持在住宅内独立生活的能力，并确保其行动的安全性[49]。

3.2.2.2　韩国

韩国政府从税收上鼓励子女赡养父母，规定凡是赡养60岁以上的老年人的直系亲属，都可享受免除若干韩元所得税优惠；子女和老年人共同生活2年以上者，可优先获得用来新建、购置、改造住宅的政府贷款。对于子女和父母各自拥有住房又选择在一起生活的，政府可免除一方出租或出售住房的所得税。近些年，韩国还在普及“敬老堂”和“邻人爱”活动。“敬老堂”活动由政府和志愿者团体共同参与，即在社区开设“敬老堂”，为低收入老年人提供午餐、健康咨询以及余暇活动；“邻人爱”活动主要是由商业机构通过发行社区货币，帮助低收入家庭和老年人解决生活上的困难。

韩国的住宅养老制度始于2007年7月，又可称为“反向按揭”。该制度由名为“韩国住宅金融公司”的公共机构负责实施。按照这一制度，65岁以上的老年人可以将自己拥有的住宅作为贷款担保物，而韩国住宅金融公司反过来可以每月养老金的方式支付一定数额的生活费。通过住宅养老制度，具有住宅但没有现金收入来源的老年人可以确保稳定的生活和居住条件，直至他们去世。以往有些金融机构实行过以住宅为担保物换取生活补助的“按揭贷款”，但其自身存在严重缺陷，比如明确规定了补助费回收期限，届时必须偿还，如不能及时偿还，则将对担保住宅进行强制处理，这将直接威胁老年人的正常生活。过去老年人所拥有的住宅被视为子女的继承财产，而现在则被视为估算收入的一种手段。在住宅养老计划下，住宅已变成老年人不再依靠子女而以住宅为收入来源的一种新的养老模式。因为在生命期间没有偿还生活补助金的义务，不存在失去自己生活空间的风险，因此老年人能够享受比较安定的生活。如果老年人无法偿还生活补助金，在他们去世后，韩国住宅金融公司则可售住宅以偿还债务，或由住宅继承者代为偿还债务后拥有整个住宅[50]。“以房养老”我国目前也在尝试进行，其中同样遇到很多困难，存在诸多风险，除非孤寡老年人，一般人不接受这种做法。

3.2.2.3　新加坡

新加坡注重发挥家庭养老功能，并重视家庭对社会的重要性，强调保持三代同堂的家庭结构。为此，新加坡国会于1995年通过《赡养父母法令》。为鼓励子女与老年人同住，政府还推出一系列津贴计划，为需要赡养老年人的低收入家庭提供养老、医疗方面的津贴。

在住房保障方面，新加坡中央公积金积极介入低收入阶层的住房保障，规定低收入会员可以动用公积金普通账户的存款作为购房首付。

为了防止越来越多的老年人家庭出现“空巢”现象，新加坡建屋发展局在设计建造组屋时，专门设计了适合多代同堂的户型，并在购房价格上给予优惠。这种户型和互相连通的两套住宅很相似，既能分开又可以合起来。不但尊重了老年人的生活习惯，满足了年轻人的特别需求，而且可以让长辈和晚辈彼此照应，融洽相处。新加坡建屋发展局规定，三代同堂可优先解决住房问题，年轻的单身男女不得购买组屋，但如与父母同住，购买条件可以放宽。其目的就是鼓励子女赡养老年人，反对兴办养老院，避免老年人被子女遗弃。1993年以来，新加坡先后推出4个专门敬老保健金计划，每次计划政府都拨款5000多万新元，受惠人数达十七八万。又如政府推出“三代同堂花红”，与年迈父母同住的纳税人所享有的扣税额增加到5000新元，而为祖父母填补公积金退休户头的人也可扣除税额。政府大力提倡子女尽可能迁居到离父母近一些的地方居住，以便更好地照顾老年父母。1998年3月新加坡首次推出“乐龄公寓”计划，让老年人在购买住房上又多了一种选择。政府还针对独居老年人和低收入家庭提供一房式和二房式的小型组屋。新加坡政府还规定，从2008年4月起，凡年满35岁的单身者购买政府组屋，如果是和父母同住可享受2万新元的公积金房屋津贴，并免除部分小区停车费[43]。

新加坡还在每年的政府花红分配中，对老年人给予特殊的照顾。新加坡大力推行儒家文化，广泛传承孝道文化，并把弘扬孝道作为解决人口问题和老龄化问题的重要策略。每当农历新年，新加坡都会开展孝亲敬老活动。新加坡高度重视老龄宣传工作，利用各类媒体，多形式多渠道宣传老龄工作，营造了良好的尊老敬老氛围，使社会大众关注老年人，鼓励家人赡养照料老年人。

此外，新加坡还规定中小学生每学期拿出一定时间从事公益劳动，去养老院照顾老年人或上街进行公益募捐。新加坡政府在老龄工作中发挥着主导作用，政府投入90%的社区基础设施建设费用和50%的日常运作费用，社会工作者的福利待遇全部由政府承担。政府充分发挥各类慈善机构、基金会的作用，为社会力量投资老龄事业提供资金支持和优惠政策。政府积极引导社会各层面广泛参与，在全国形成完整的老年服务网络，许多福利团体积极参与养老服务，提供高效优质的服务。新加坡人民协会的基层组织及各类民间团体在应对人口老龄化过程中做了大量的工作，扮演了重要角色。由于政府舆论引导和全民素质的提高，新加坡义工多达60万人，占总人口的15%，他们在基层老龄工作中发挥了很大作用[51]。

新加坡把提高老年人养老保障能力作为应对人口老龄化的重中之重，建立健全老年保障体系。同时把养老服务列为政府最关心、最关注的重大民生问题[52]。

日本、韩国、新加坡都是我国周边经济发达的国家，其养老模式深受中国孝道思想的渗透，强调亲情慰藉，政府制定了若干措施，缩小子女与父母之间的距离；同时又受到欧美文化的影响，注重个体独立，支持社会援助失能失智老年人，减轻家庭负担。

3.3 我国城乡养老模式的差异

城，指城市，是以非农业产业和非农业人口集聚形成的较大居民点（包括按国家行政建制设立的市、镇）。人口较稠密的地区称为城市，一般包括了住宅区、工业区和商业区，并且具备行政管辖功能[53]。乡，指农村，是以从事农业生产为主的劳动者聚居的地方，相对于城市的称谓，包括各种农场（包括畜牧场和水产养殖场）、林场（林业生产区）、园艺和蔬菜生产基地等。与人口集中的城镇比较，农村地区人口散落居住。直至1949年新中国成立前，不论城镇、农村，我国一直沿袭家庭养老、家族救济机制。新中国成立后，形成了基于不同户籍的两种完全不同的养老模式——城镇养老模式和农村养老模式。我国城乡养老模式的差异很大，城市接近于发达国家养老模式，而农村更接近于传统养老模式。我国城乡养老模式的差异是由户籍壁垒、社会保障、思想观念等多方面原因造成的。

3.3.1 户籍壁垒造成的城乡差异

所谓户籍，它包括两方面的意义：一是户，即户籍的基本单位或载体，常常由一个单元家庭或几个单元家庭构成，也可以是一个集体组织，如军队和作坊或农场里的集体户口；二是口，指户的成员或人数。由此可见户口的立户原则是以共同生活或共同居住为标准，即确立了户口管理的基本单位和对象。通过立户不仅可以了解人口总数，而且还可以了解人口在家庭或组织内的分布情况，对于社会治安管理和生活计划的制订以及研究人口结构、家庭结构对社会发展的作用具有非常重要的意义[54]。

3.3.1.1 户籍壁垒的形成

在人们迁徙自由的前提下，城乡差异本身是自发产生的，城乡户口并无优劣之分。1949 年以后，户籍制度的意义在我国发生了深刻的变化，其意义有狭义和广义两种。狭义的户籍制度，是指以 1958 年颁布的《中华人民共和国户口登记条例》为核心的限制农村人口流入城市的规定以及配套的具体措施。广义的户籍制度还要加上定量商品粮油供给制度、劳动就业制度、医疗保健制度等辅助性措施，以及在接受教育、转业安置、通婚子女落户等方面又衍生出的许多具体规定。它们构成了一个利益上向城市人口倾斜，包含社会生活多个领域、措施配套、组织严密的体系。政府的许多部门都围绕这一制度行使职能。

我国户籍制度最先在城市管理中酝酿，大体经历了形成期（新中国成立初~1958 年）、发展期（1958~1978 年）、改革期（1978 年至今）三个阶段，逐渐形成比较系统的、普遍的制度。它的主要内容包括户口登记以及对各类户口的迁徙、居住、获取资源和福利的权利的规定等。1957 年国务院发布《关于各单位村招用临时工的暂时规定》要求："各单位一律不得私自录用盲目流入城市的农民，农业社和农村中的机关也不得私自介绍农民到城市和工矿区工作。" 1958 年通过的《中华人民共和国户口登记条例》又规定："公民由农村迁往城市必须持有城市劳动部门的录用证明、学校的录取证明或者城市户口登记机关的准予迁入的证明，向常住地户口登记机关申请办理迁出手续。" 此条例将我国居民分为农村人口和城镇人口，它标志着以户籍制度为核心的城乡二元管理格局的形成。城市和农村于是形成了对比明显的两大阵营，城乡差别一天天拉大，不仅是物质上的丰足与贫瘠，还有精神上的高贵与轻贱，这种户籍制度的形成，有着其深刻的经济、政治、社会文化背景[55]。

户口登记以及人口统计中对"农业户口"与"非农业户口"的区分，进一步强化了城市与农村的划分，再加上户口与粮食、住房、医疗、教育机会以及其他社会经济利益挂钩，使得户口制成为促成我国社会"空间等级结构"的重要因素，使得不同类型的户口、不同地区的户口以及不同规模的城市户口之间出现权利、收入、地位和社会声望的等级差别，出现特权与被隔离的现象[56]。直至今天，农民仍特指具有农村户籍的公民，也不管其从事何种职业。在这一户籍制度下，从国家制度认定的身份上，农村居民的定义就非常清晰了。在相当长一段时期内，我国农民在经济税赋、政治权利、劳动就业、社会福利（涵盖医疗、教育、养老）等方面都受到了很多不公平待遇[55]。

3.3.1.2 社会保险的差异

社会保险是一种为暂时或永久丧失劳动能力、失去救济来源的人口提供收入或补偿的一种社会和经济制度。在满足一定条件的情况下，被保险人可从基金中获得固定的收入或对损失的补偿。社会保险是一种再分配制度，它的目标是保证物质及劳动力的再生产和社会的稳定。社会保险的主要项目包括养老保险、医疗保险、失业保险、工伤保险、生育保险等。

改革开放以前，有“正式工作单位”的城镇户口人员的保险由国家和集体单位承担，无“正式工作单位”的城镇户口人员和农村户口人员则无任何保险。改革开放以后，保险制度进一步改革，成为一种覆盖全社会的福利，城镇户口事业单位职工的保险由政府承担，企业单位职工的养老保险、医疗保险和失业保险由企业和个人共同缴纳，工伤保险和生育保险完全由企业承担；农村户口人员的养老保险、医疗保险在“新农保”政策的惠及下，有所体现，而失业保险、工伤保险不存在，生育保险在医疗保险中有所体现。以下主要介绍与养老模式相关的养老保险和医疗保险。

A 养老保险

我国从传统时期社会基本不承担养老责任逐步过渡到以养老金形式承担社会成员老化后的生活费用，以福利救助制度为城乡困难老年人、无子女老年人提供低保、养老费用[57]。

a 城镇

我国当代城镇老年人，绝大部分在计划经济时代都是国营或集体企业的职工，按照国家政策，退休高峰多发生在50～60岁之间，并能够领得一部分退休金和享受医疗保险。

机关事业单位职工养老金，由国家财政直接买单；而城镇职工养老，则主要靠缴费保障[58]。因此，对于城镇居民来说，健康的老年父母有更多的能力给予子女经济帮助。城镇地区老年人中87.7%以上以退休金为生，享受最低生活保障的占12.3%。城市中子代的“实质”性赡养责任逐渐被“形式”养老所取代，“刚性”供养变为“弹性”支持，亦即老年亲代对子代的供养需求大大减少，子代的赡养压力明显降低，社会养老保障制度是形成这种局面的主要原因。

b 乡村

农村则不同。1992年以前，农村户口人员无养老保险，从1992年正式开始试点推行“老农保”政策，主要以农民缴费为主，村集体经济组织补助为辅，由于村财政难以形成稳定的收入，“老农保”依然是农民自己养自己，1998年以后“老农保”基本处于停滞发展的状态。

2009年9月1日国务院颁布了《关于开展新型农村社会养老保险试点的指

导意见》❶，“新农保”进入了全国试点阶段。“新农保”基金由个人缴费、集体补助、政府补贴构成。地方政府对参保人的缴费补贴全部记入其个人账户。政府分别对农户“缴费”和“养老金领取”两个环节进行补贴，年满60周岁、未享受城镇职工基本养老保险待遇的农村有户籍的老年人可以按月领取养老金。

新型农村社会养老保险是一项重要的惠农政策。建立“新农保”制度对解决广大农民的养老问题、建立完善覆盖城乡的社会养老保障体系、推进政府基本公共服务的均等化、进一步改变我国城乡“二元”经济结构、建立社会主义和谐社会等具有重要的战略意义[59]。但相比城市较为成熟的养老保险制度，“新农保”每月55元的基本养老金保障水平偏低，并且没有考虑到与生活物价水平的联动调整机制，财政补贴力度有限[60]。

“新农保”养老制度是一个良好的开端，但仍不能真正的作为农民的养老依靠。农村老年人的经济支持首选仍是子女，其次是土地，最后才是政府。当农民逐渐步入老年以后，子代仍是主要赡养者，他们更依赖从子女处获得经济资助，将希望寄托于子女身上。儿子仍是养老的主要承担者，女儿仅起补充作用。这种差异实际上仍是“男娶女嫁”和“从夫居”这种婚姻方式所导致的，农村嫁入外村的女儿不具有承担日常照料责任的条件，当然她们在生活费用和医疗费用方面给予父母的支持在增大。

农村劳动力基本没有退休的期限，老年人甚至在70岁后还要继续从事农业劳动，老年父母特别是父亲，尽可能延长参加农耕及其他有收入劳动的时间，提高自养能力来减少子代的赡养负担，他们甚至承担起外出就业子代所留下土地的耕作。调查数据表明，农村65岁以上老年父母靠儿子提供生活费用所占比例最大（达到94.7%），非亲属供养占5.3%（含自养、低保等）。可见即使在农村，子女供养虽占多数但并非绝大多数。农村约三分之一的老年男性为降低对子女赡养的依赖，仍然继续劳作，自食其力。

以目前的情况来看，大量农村青壮年子代离开农村向城市迁移从事非农活动，但收入水平相对偏低，对于需要养育下一代的农民工而言，赡养老年人是比较大的经济压力，导致老年人获得家庭成员照料的资源在不断萎缩。子女有限的“反哺”与父母的“逆反哺”并存，子女平时对老年人的经济资助十分有限，对老年人经济上的“反哺”往往只体现在老年人完全丧失劳动能力、生病需子女照顾等情况下。相反，父母对子女的“逆反哺”却十分普遍，主要体现在住房和子女的结婚费用两方面，其次是参与对孙子女的照料上。在农村，子女结婚时的住房基本都是父母准备的，体现为老年父母在经济、生活上直接资助成年子女。

❶《关于开展新型农村社会养老保险试点的指导意见》(国发〔2009〕32号)。

随着市场经济的冲击和家庭养老保障功能的弱化，农民个人自我养老保障意识也随之增强。农民开始自己利用和积累各种资源，通过市场和非市场手段为自己提供养老保障。家庭中的经济资源大部分是老年人一生的财富积累，老年人在将收入和资源“无偿”转移给下一代的同时，也开始意识到控制和积累一定的经济资源，进行自我养老保障的重要性。而且随着农村经济的发展，我国农村老年人收入和生活质量的提高也为农民的自我养老保障提供了有利的条件。

在农村，土地具有极强的保障功能，尤其是欠发达地区和土地资源稀缺的地区更是如此。我国是一个社会主义国家，以土地等财产公有制为特征的社会经济制度首先保证了每位农民“耕者有其田”，生活有基本保障，尤其是政府对土地30年承包期的规定更加增强了土地养老保障的契约性和可靠性，使农民有了最起码的生存保障。然而我国的耕地资源过于紧缺，2005年全国人均耕地1.4亩，不到世界平均水平的40%，优质耕地只占全部耕地的1/3，耕地后备资源潜力为1333万公顷（2亿亩）左右，60%以上分布在水源不足和生态脆弱地区，开发利用的制约因素较多[61]。人均耕地面积狭小、土地产出有限、农业经营利薄，导致我国农村土地保障的经济功能较弱。不仅如此，我国农民还没有土地产权，仅有土地经营权。在农业经营成本不断上升、农民利益不断锐减的情况下，土地应有的保障功能难以充分发挥。土地保障功能不但弱化而且难免发生异化。因为农民的土地随时有被征用的可能，而各地政府的土地补偿普遍低下，农民可能连基本的生存都受到威胁。加上随着社会经济的发展，人们的生活质量普遍逐年提高，在这种情况下，农民的生活不可能一直停留在能吃饱肚子的水平上。因此，土地保障更加需要一份社会保险的保障配合才能起到真正的养老作用。

对于农村人口的养老保险，子女经济支持的潜在风险较大，土地保障功能的力量微弱，政府的养老机制刚开始实施，养老制度的建立和完善任重而道远。

B　医疗保险

我国基本医疗保险体系包括城镇职工基本医疗保险、城镇居民基本医疗保险和新型农村合作医疗“三大支柱”，分别覆盖城镇从业人员、城镇居民和农村居民。

城镇职工基本医疗保险制度实行属地管理，基本医疗保险费由用人单位和职工双方共同负担；基本医疗保险基金实行社会统筹和个人账户相结合。

城镇居民基本医疗保险制度以大病统筹为主，没有规定全国统一的筹资标准。由各地根据低水平起步的原则和本地经济发展水平，并考虑居民家庭和财政负担的能力合理确定，实行政府补助的政策。

新型农村合作医疗是针对农村居民的一项基本医疗保险制度。筹资方案是个人缴费、集体经济扶持、政府补助。农村居民可以通过它来给自身提供医疗健康保障。

统计资料[62]表明，受到计划生育和农村人口城镇化两方面的影响，农村的老龄化水平高于城镇，2000年农村老龄化比重为7.35%，城镇为6.30%，到2020年，农村65岁及以上老年人的比例为15.6%，而城市为9.0%。这种城乡倒置的状况将一直持续到2040年。农村青壮年劳动力大量外出务工、向城镇转移，农村核心家庭的出现以及老年人寿命的延长，表明农村的养老压力更大于城镇。

随着老年人年龄的进一步加大，疾病也就越来越多，医疗和护理费用进一步加大。可以看到的是，所有的医疗保险仅涉及医疗费用而未涉及护理费用。当护理人员由家庭成员承担时，这笔开支成为隐形开支；老年人一旦生病，若家庭缺乏护理人员，或者付出高昂的代价雇请护理，或者由其自生自灭。因病致贫，因缺乏护理以致老年人受困的状况，农村较城镇更为严重[63]。

对于老年人的医疗保险，还需和社会服务取得更为密切的联系，而不单纯是医疗费用的问题。政府除了直接出资参与公共社会保障制度的建立外，还应该健全完备的法律框架、制度规则及监督体系等[64]。

3.3.1.3 居住模式的差异

老年人居住模式是养老代际关系的一个重要体现指标。对低龄老年人来说，居住模式受到思想观念及现实条件的支配。伴随着家庭人口的减少、独立意识的增强以及生活条件的改善，传统的主干家庭发生了裂变，小型化、核心化的家庭上升为主导地位。

农村老年人的居住模式仍以与已婚儿子组成直系家庭为主，单人户和夫妇“空巢”家庭为辅。当家中有多个儿子时，先结婚的都需要盖新房，直至倒数第二个儿子。最后一个儿子或另建新房或在父母老屋结婚，但此时则需“分家”，需要有村干部、村民乡亲见证儿子们分别承担赡养父母的义务。子女结婚之后另立新家，老年人单独居住原址往往是其主动的选择，多子家庭尤其如此。但随着农村青壮年人口的外出务工，“空巢”、独居的老年人家庭越来越多。老年人大多滞留在农村，从事着农业劳作，并守候在原来的“旧巢”之中。在人口迁移、流动就业增多的当代，亲子异地居住比例在提高，有的老年父母因此失去了与子女“一个屋檐下”生活的基本条件。

根据2010年七省区❶调查数据得出结果：受访者老年父母的居住模式，城镇表现出老年父母与已婚子女同住和单独居住并存的局面，特别是生活能够自理的低龄老年人倾向于单独生活。在没有外部约束的情况下，独立居住和与子女同住各有优点，前者使老年人得以享受安静的老年生活，减少了家务之累；后者则

---

❶七省区指吉林、河北、陕西、安徽、浙江、广东、广西。见王跃生．城乡养老中的家庭代际关系研究[J]．开放时代，2012(2)：102～122。

可保持代际互助特别是高龄父母得到及时关照。城市婚姻方式中“从夫居”的色彩已经淡化，同城居住的已婚女儿与老年父母仍可以保持相对密切的关系，但已经很少看到“三代同堂”的居住模式了。

目前，第一代独生子女的父母已经步入老年阶段，其中必然有男方或女方的父母不可能与子女居住在一起，即子代“缺位”现象增多。亲代难以从子代获得实质性的照料，对社区等公共服务的需求更为迫切。完善和规范社区养老服务不仅有助于减轻其子代照料负担，同时对提高老年人生存质量具有重要作用[65]。

子女与父母分开组建家庭，或年轻人异地筑巢，都将是子女的住房条件好，而老年人住房条件无变化的现实。有些子女可以给父母经济上一点资助，有些因自己经济状况不好，无力照顾老年人。诸如此类，很少有子女为父母改善居住条件的。老年人缺乏自主的经济能力，一旦生病，困难更大，所得基本上只够温饱，要靠自力改善居住条件几乎是不可能的。家庭结构的变化，给老年人改善居住条件带来的难度很大。

从赡养老年人的角度而言，或许因为子女的经济能力较弱，要求他们改善老年人居住条件时，会显得力不从心；一起合住，家庭成员之间又容易产生不愉快。因此，当老年人居住在草房、危房中时，有时并不是子女不闻不问，而是存在着子女本身也解决不了的无奈。从发达国家的经验来看，在老年人的住房保障方面，各国都是花了大力气补助的，而我国在这一方面还缺乏具体的政策和措施，仅廉租房一项也不是专门应对老龄化的。

3.3.2 从居住模式的变迁看老年人家庭地位的变化

我国是一个以孝道著称的国家。在传统民居建筑中，老年人的家庭地位在住宅布局中能得到充分体现。老年人的卧室处在家庭成员卧室的中心，称为“高堂”，后来人们就直接用“高堂”来称谓老年人，这一规律一直延续到 1953 年土地改革的结束。

在农村，土改后，居住房屋不管老年人与年轻人的区别，每户居住一间或两间，对于广大民众来说，住房条件是简陋的。在城镇，人们的住房面积十分拥挤，同样顾不上对老年人的照顾，直至房改政策出台。

改革开放后，依托国家的政策、民众的努力，人们的生活水平、居住条件得到了翻天覆地的改观，成果是有目共睹的。但是老年人的住房依旧没有太大的改变，且设施相对陈旧，这一现象也反应出老年人的社会地位、家庭地位的变化。

3.3.2.1 传统居住模式

1949 年以前，传统的家庭基本上是以主干家庭为主的结构。多数地方是几代人承袭下来的大家庭，两三代甚至四五代人一起生活的现象屡见不鲜，家庭主要支配权多数控制在长辈手里。这是在自给自足的自然经济条件下形成、并受封建政治制度影响的一种家庭模式。当时的家庭，既是一个相对独立的组织生产的单位，又是一个组织家庭生活的单位。

“以血缘为纽带，以等级分配为核心，以伦理道德为本位的思想体系和礼制文化”确定了天人关系、人伦关系。多代同堂、家庭和睦、人丁兴旺，构成了我国传统家庭发展追求的理想模式。于是，宅院纵横向单元化扩展成为民居的布局特征，形成深宅大院，以满足家庭成员增加、多代同堂的需求。建筑以“间”为单位构成“单体建筑”，再由“单体建筑”围合构成“院落”。而院落组群分布就是以“院落”为基本单位，依照一定的轴线关系、平衡分布原则和具体需要构成整个组群。主要方式是平面上的层层铺开，注重步移景异和空间层次，体现时间进程中的空间意识，注重含蓄美的表达体验。

湖南传统民居建筑是多样性文化融合的古民居，充分体现和展示了它的宗族结构关系。湘南地区的村落大多以姓氏和宗族为单位实行聚居，“父子兄弟多族居，或至百口，盖其俗朴古然而也”。湘南古民居尽管建筑形式多变，规模大小不一，但有着基本的平面布局，即单元建筑、前堂后寝、中轴对称、主次分明，外部有高高的封闭围墙。整幢建筑沿轴线前有门斗，进入大门后为前堂，然后是天井，再是正堂，沿轴线两边有厢房，厢房之间有通道，可以进入另一个院落，其他多进院落的建筑都是在此基础上扩展而成的[66]，如图 3-6 所示。

从传统的居住方式上可以看到，长者在家庭中具有绝对高的地位，拥有经济权和决策权。父母住正房，儿子住东厢房，皇帝的儿子称为“东宫”，即是以他的住址作为替代称呼的。民间的居住方位也一样，儿子住东边的房间，未出嫁的女儿住西边的房间。

传统民居大门边有一排高高的围墙，其屋檐深达 3 ~ 4m，目的是给那些无家可归的人一个暂时栖身之所，可见，大户人家实际上承担了部分社会保障功能。

“养儿防老”成为根深蒂固的传统意识和社会责任。这种社会学意义上的扩大家庭（三代或者三代以上）承担着保障、再分配甚至储蓄的全部功能。传统的家庭养老保障机制实质上是一种非正规的养老保障制度，当社会保障机制不健全时，该制度仍是人们抵御社会风险的主要形式，但它必须具备如下特征：

（1）社会安定，老年人有能力控制财产；

（2）长者（年老的父母）必须具有理智，可以合理安排全家收入；

（3）大家庭要能对其家庭成员的收入和风险进行集中调节，才可以承担养老保障的责任。

“养儿防老”养老方式的主要问题在于：家庭中主要劳动力的病逝或者子女的早逝都可能导致家庭养老保障机制的瓦解[67]。

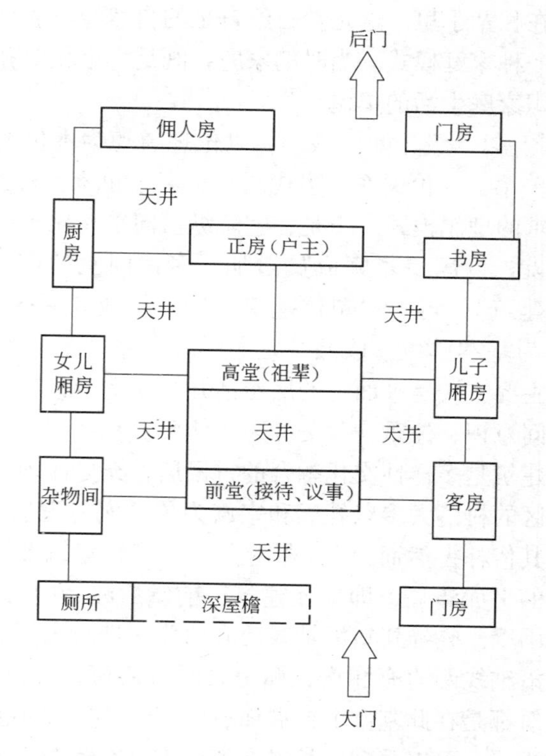

图 3-6　湘南古民居平面布局

3.3.2.2　计划经济时代的住房制度

1949 年以后，农村受到农业集体化的影响，农民的住宅被相对集中，特别是在“全国学大寨”后，“大寨新村”成了那个时代的居住模式。但是由于经济条件的限制，当时的住宅建设水平很低，仅能满足最基本的生活要求。20 世纪 50 年代湖南省农村自建住宅平面布局如图 3-7 所示。当时农村的住宅面积都很大，但市政设施跟不上，一般人家自备水井，厕所与猪圈连在一起。家庭能源是薪柴，需上山“砍柴火”，一般由家中男丁承担。

城镇居民的住房也相当紧张，庙宇、教堂等旧时公共建筑都曾作为住宅租给城镇无业居民居住，暂时解决了无房户的困难。

国营或集体企业或事业单位的住房制度则是福利分房。这是新中国成立以后，计划经济时代特有的一种房屋分配形式。在计划经济中，人们所有的剩余价值都被国家收归国有，国家利用这些剩余价值中的一部分，由各企事业单位盖住房，然后按职工的级别、工龄、年龄、家庭人口数量和结构等一系列条件分给一部分人居住。居住人实际支付的房租远远低于建筑和维修成本。“等国家建房，靠组织分房，要单位给房”是福利分房的典型特征。

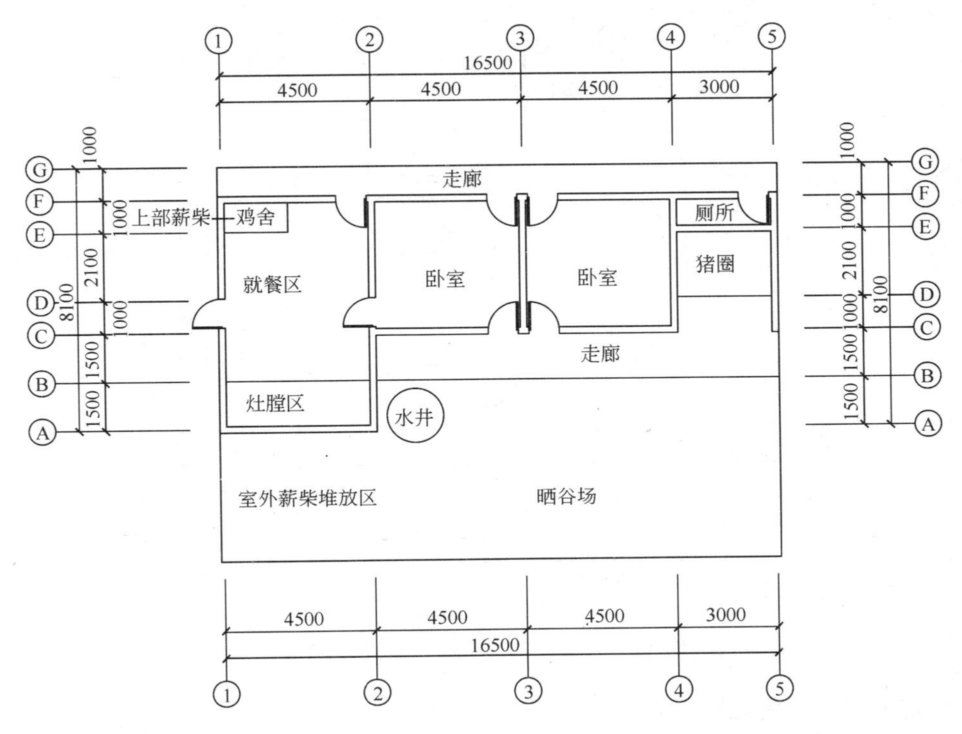

图 3-7　20 世纪 50 年代湖南省农村自建住宅平面布局

在福利分房的时代，属于全民所有制的城市土地实际上归国家、政府支配，政府盖房子分给老百姓住，也就是人们常说的“公房”。“公房”由国家定面积、定标准、定租金（收上来维护房子），无法转卖，限制转租，在分房的时候一般优先考虑结婚的夫妇，然后按照工作时间长短、职位的高低等来安排分房的时间、分房的面积等[68]。福利分房因单位不同而具体情况有所不同，有些单位完全不收费，有些单位则象征性地收一点租金，由于收取的租金极其有限，国家每年还要拿出大量的资金用于补贴住房维修和管理方面的开支，但老百姓的支出非常少，而且本人及配偶一直可以住到去世。所以那个年代的单位职工并不担心没有房子住，只是时间长短、房屋面积的大小问题。但人均住房面积特别拥挤，住房功能单一，配套设施落后，更谈不上为老年人设计住房的思想。福利分房大致经历了以下几个阶段：

（1）多户合住住宅阶段（1950 ~ 1969 年）。多户合住住宅基本是单层房屋，内隔墙以竹篾为骨架，马粪纸糊在表面，每户 1 室或带套间的 2 室，卧室兼用餐、起居功能，多户公用厨房和厕所，且厨房内无自来水供应。多户合住住宅典型平面功能图如图 3-8 所示。

单位职工把自己的住房、医疗养老保险等寄托于“单位”的福利上。长期

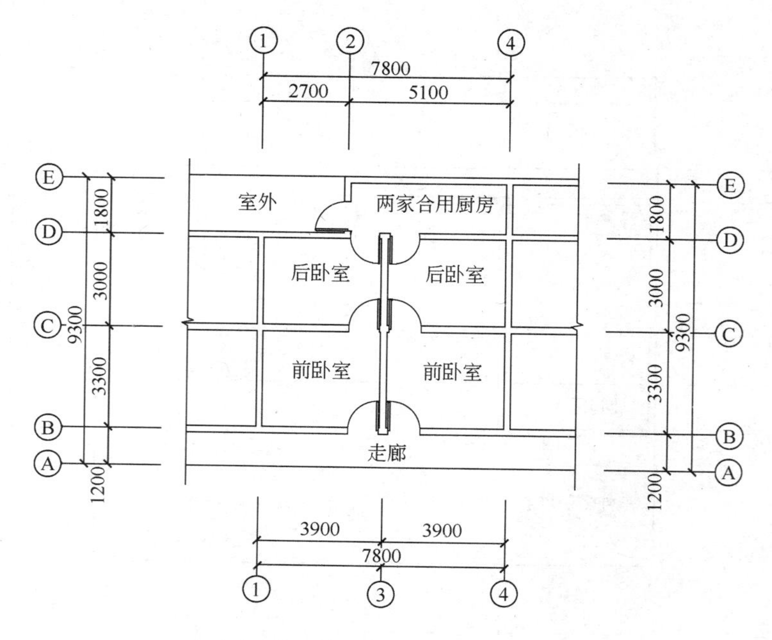

图 3-8　多户合住住宅典型平面功能图

的单位福利分房更是导致居住区演变成同一单位的聚居区[69]。虽然一切希望都寄托于“单位”，但改善住房条件的意识也一直是人们内心深处的一个愿望。

（2）独户小面积住宅阶段（1970～1978 年）。到了 20 世纪 70 年代初期，住房条件略有改善，进入了独户小面积住宅阶段。每户 1～2 室，多数穿套，卧室兼用餐、起居功能，独用厨房，厨房内带有市政供水设施。独户小面积住宅平面功能图如图 3-9 所示。此时宿舍楼一般是 3～4 层的多层板式建筑，墙体均为砖墙，建筑材料和设施较 50 年代所建住宅已经有了很大的进步。

20 世纪 70 年代末期，人们开始认识到“上厕所”是私事，公共厕所在私人环境中不合适，私有卫生间的理念渐渐被接受，但在住宅内布置，人们仍然嫌其“邋遢”，于是厕所被布置在楼梯间的中间平台上，2～4 户人家合用。70 年代末期单位住宅平面功能图如图 3-10 所示，此时的住宅开始考虑储存功能。

从住宅的演变中可以看到，福利分房时代丝毫未考虑老年人对住宅的要求，仅仅为“住”而设计。值得关注的是，住宅的改变仅仅是“单位”职工才拥有的福利，无业居民的住宅仍是新中国成立初期城市的部分公共建筑或没收来的大户人家的住宅，无任何变化，反而随着家庭人口的增多，住宅显得更为狭小，既无厕所也无厨房。这样的房屋成为日后的棚户区，后来一方面政府要求拆迁重建，另一方面学者认为是历史遗迹要求保护保留。开发还是恢复，两者的矛盾至今仍未能很好地协调。

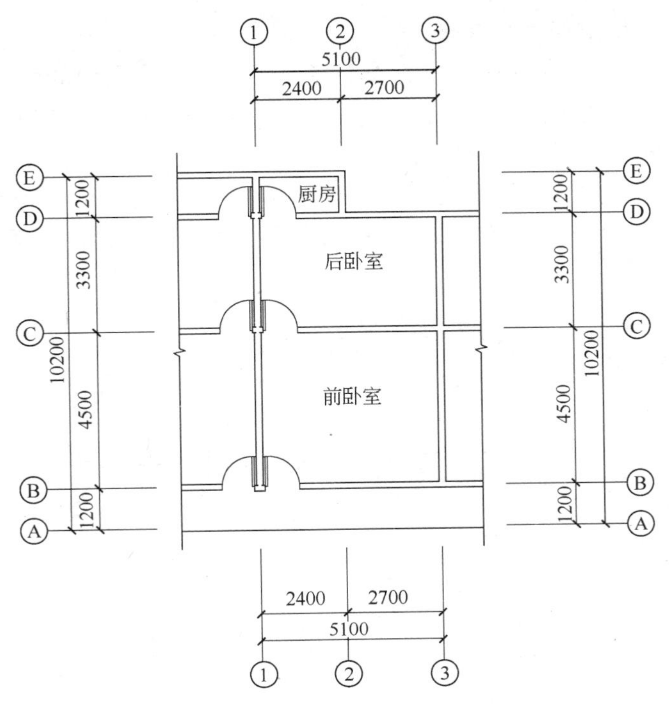

图 3-9　独户小面积住宅平面功能图

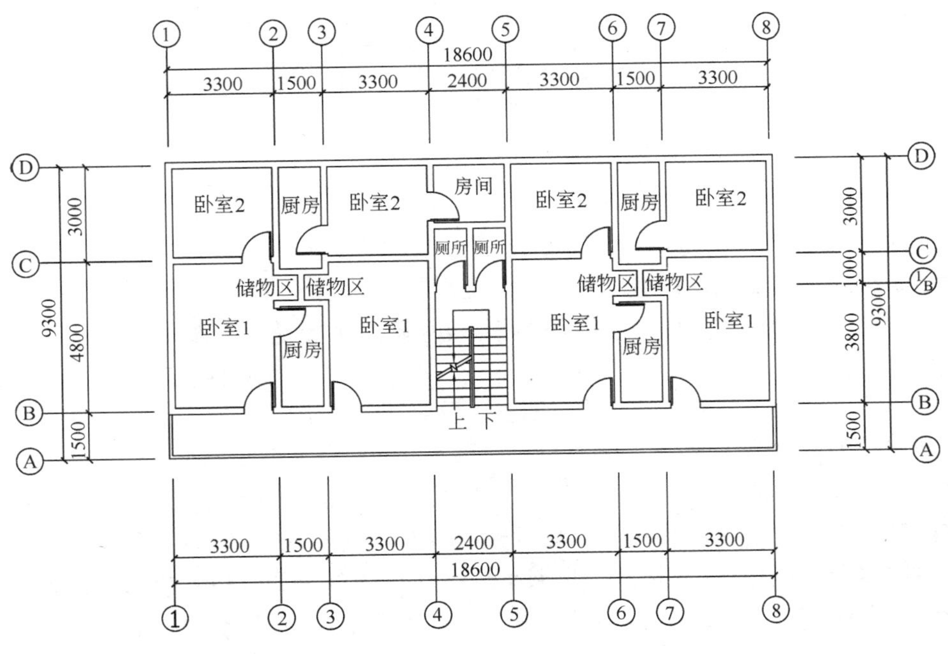

图 3-10　20 世纪 70 年代末期单位住宅平面功能图

3.3.2.3 转型期的住宅

十一届三中全会以后，我国的重心转向经济建设，人们的生活水平逐渐好转，对住宅的要求也进一步提高，住宅内的厨房和厕所成为了必需设施。

1983～1989 年间的小户型福利房普遍设置小方厅，每户 1～2 室，走道扩大成为小方厅，通至各室，用餐在小方厅，起居会客多数在卧室，独用厨房，卫生间设便器、浴位及洗衣机位。小户型福利房平面功能图如图 3-11 所示。

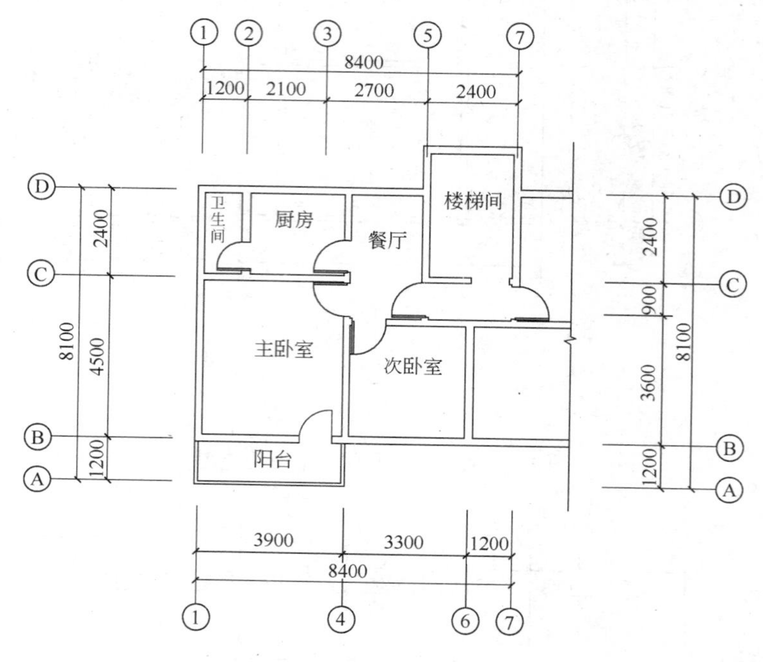

图 3-11　小户型福利房平面功能图

20 世纪 80 年代末期到 90 年代，人们开始享受改革开放的成果，住宅建筑设计有了根本性的变化，住宅需求由“温饱型”转向“小康型”，由“数量型”转向“质量型”。要求“大起居、小卧室”，用餐在独立餐厅，独用厨房，卫生间设便器、面盆、浴盆，附洗衣机位；“三大一小一多”和“四明”，即厅大、厨房大、卫生间大、卧室小、储藏空间多以及明厅、明厨、明卫、明卧的理想居家空间大量出现，住宅设计转向质量型、精细型、起居型和可变型。人们已不满足单调、呆板、粗糙、生硬的“居室型”的住宅，不满意质量低劣、居住环境恶化的住宅[70]。大户型福利房平面功能图如图 3-12 所示。

1998 年，《国务院关于进一步深化城镇住房制度改革加快住房建设的通知》出台，要求 1998 年下半年开始停止住房实物分配，建立住房分配货币化，住房供给商品化、社会化的住房新体制。此后，商品住宅如雨后春笋般涌现。2000

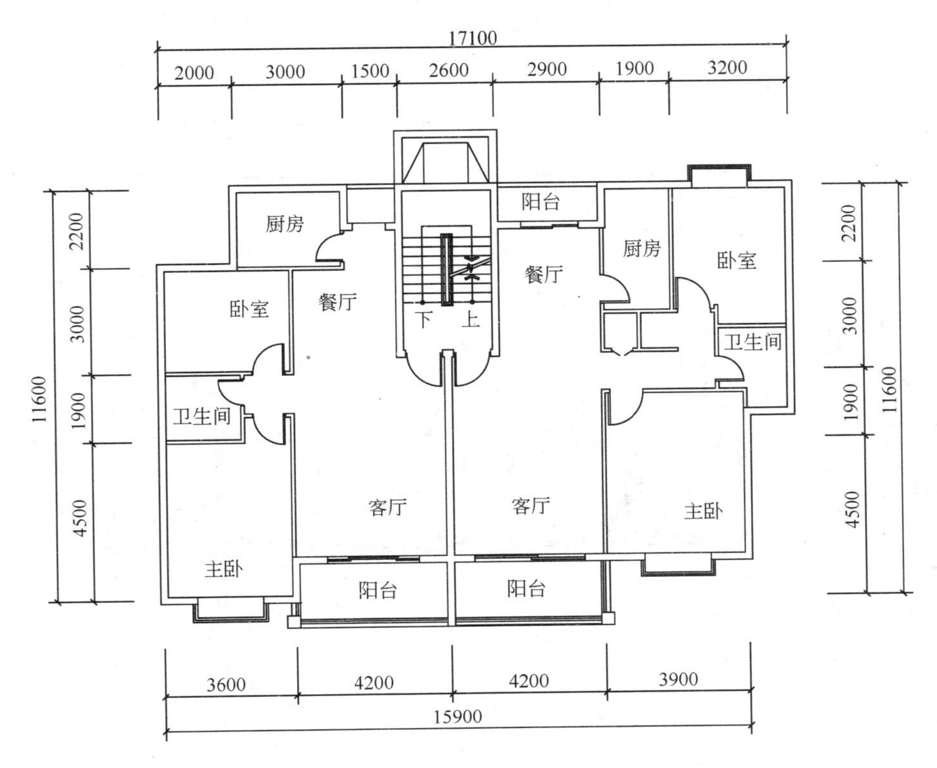

图 3-12　大户型福利房平面功能图

年以后建的住宅更注重功能和品质，设备配置周全，设计更加人性化[71]。2004 年建设部又出台了建筑节能新标准，对住宅设计提出了更高的要求。2000 年以后典型商品房平面功能图如图 3-13 所示。

目前，很多商品住宅因各种原因在建设时没有考虑老年人的利益和使用方便。

3.3.3　当代社会的养老模式

传统的家庭子女养老、家族救助机制在新中国成立后逐渐消亡。之后演变成农村人口及城镇无业人口仍是子女养老，企事业单位的退休职工由政府发放退休金。1998 年后，实行全体社会成员的养老保险制度，所有这些都是部分或全部解决养老过程中的经济问题，时至今日老年人的照料依然全部在家庭内部解决。

当今社会，核心家庭已经成为我国家庭结构的主流形式，这与家庭内部照料老年人产生了矛盾，这一矛盾已经成为社会的普遍矛盾。于是，人们开始思变，家庭养老逐步向社会养老转化，在这一转化过程中，还有相当长的一个过渡阶

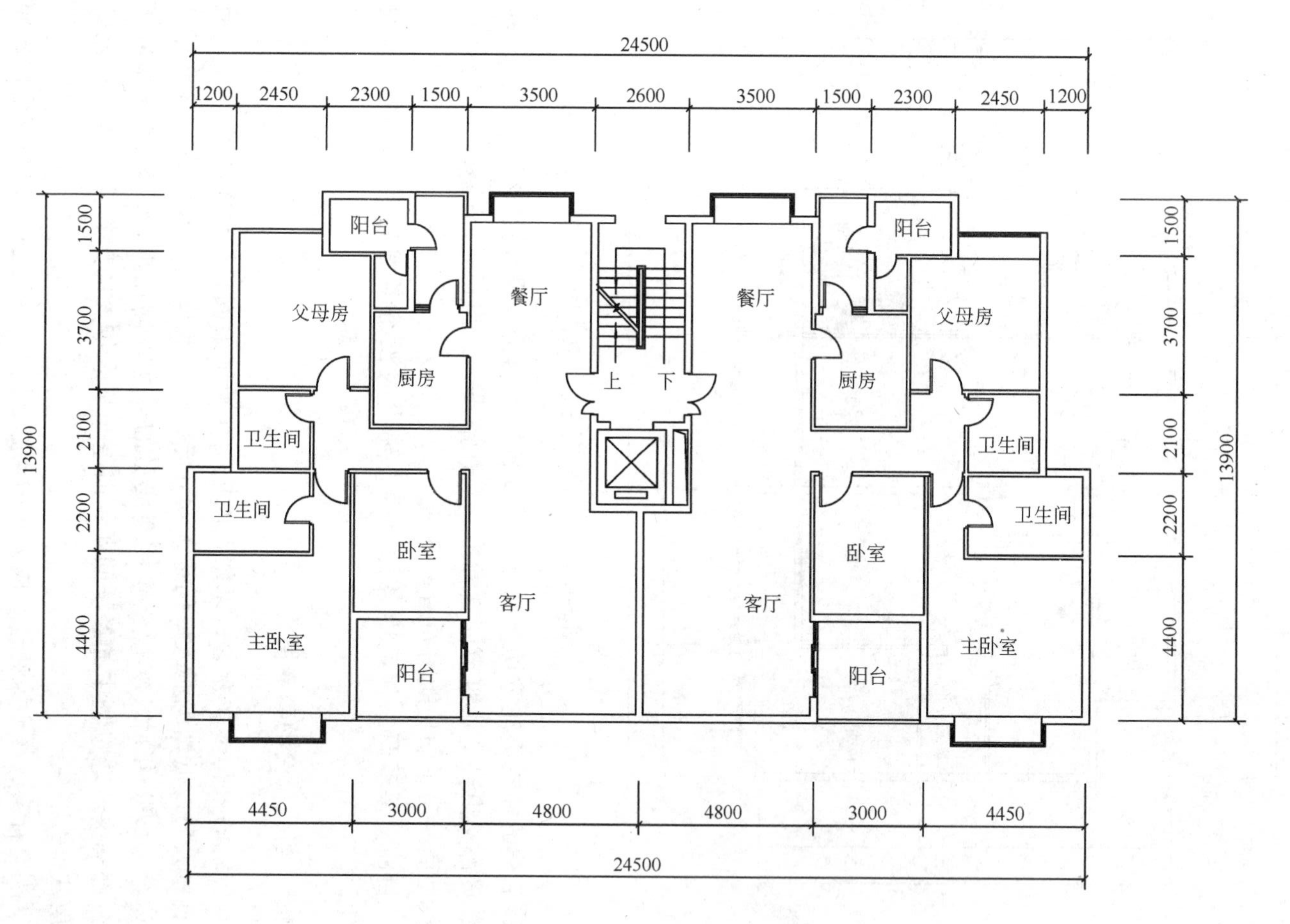

图 3-13　2000 年以后典型商品房平面功能图

段，即社会介入养老。在我国目前的老年人群体中，低龄和相对健康的老年人占75%，他们主要选择居家自我养老，这是符合我国传统和现实国情的养老方式；长期需要照料护理的高龄、带病、独居老年人约占25%，其中仅有2%～3%选择入住养老机构，绝大部分还是家庭内部照料，社会介入很少（不过已有逐渐增多的趋势）。当今及今后很长的一段时期内，我国的养老模式将以家庭养老（亲缘养老）、社会介入养老、社会养老（机构养老）三种不同的形式并存，针对老年人不同的身体状况给予生活照料服务。

3.3.3.1 亲缘养老

亲缘养老包括由子女或亲属提供建立在血缘亲情基础上的“反哺”型养老方式、因老年人身体条件允许而实行的配偶间“互助”型养老方式或单身老年人的“自理”型养老方式以及出资请人照顾的“雇佣”型养老方式。中国人深受几千年儒家文化的影响，孝字当头，养儿防老，依旧认为家庭是养老的最佳场所，老年人的愿望也是能够和子女、孙子女共同生活以享“天伦之乐”[72]。

在孝文化的传统中，通过家庭子女获得情感和心理上的满足是任何社会支持和服务都无法取代的。对于老年人来说，生活在和谐美满的家庭之中，在家庭中颐养天年，本身就是一种心理满足。在老年人需要倾诉的时候，子女往往是倾诉的对象。与此同时，老年人也为子女的生活工作提供各方面的帮助。抽样调查显示，为子女提供帮助的城市老年人比例达到68.7%，农村超过80%。就是说，有能力的老年人基本上都在为子女生活工作提供帮助。

亲缘养老，若由子女提供照料服务，则要求住房条件必须适合老年人与成年子女共同生活，称为“两代居”或“三代居”。其中两代居方式包含高龄老年人与老年成年子女合居方式或临近居住方式。这里的两代居并非指狭义上的两代人合住一套住宅的户型结构，而是指老年人与成年子女两代人既共同生活又能各自独立居住的居住形态。三代居方式包含老年人、成年子女以及他们的未成年子女。在城镇，住宅价格昂贵，选择两代居或三代居不是每一个人都能随心所欲做得到的。“原址养老”成为“亲缘养老”的另一种形式，老年人仍旧住在他们长期生活的地方安度晚年，但由家庭成员提供经济支持、生活照料支持和情感支持。

我国广大农村地区生产力水平仍然较低，依然主要采用家庭联产承包责任制的形式组织生产。这种以家庭为生产单位的生产方式决定了家庭成员共同占有生产资料，共同分享劳动成果，农村家庭养老可以使老年人物质生活得到保障，日常生活得到照料。老年人退出生产领域后，自身的劳动能力已经减弱或者丧失，可从子女那儿获得吃、穿、住、用等生活资料。而且老年人由于老化的自然规律，生理机能衰老，体质减弱，常有疾病缠身，有的行动不便，有的生活不能自理，老年人在家里便于子女的精心敬养和护理。赡养老年人比较容易在家庭内部

解决。

长期以来，我国农民缺乏足够的自我保障的能力，但具有很强的风险规避倾向。据调查，我国绝大多数农村老年人还是将家庭养老作为他们的第一选择，农村家庭组织结构相对稳定，农民将毕生的收入和储蓄都用于养育子女以及不断添置家产，财产的代际交换仅局限于家庭内部，当步入老年丧失劳动能力时，子女赡养老年人也比较易于接受和可行。农村地区“新农合”的养老金支持力度不够，赡养老年人仍然不得不在家庭内部解决。

所有现象显示，家庭养老还是我国农村目前最实际的养老方式，但住房仍是这种养老方式的羁绊。改革开放后，随着户籍制度的逐步宽松，尤其是乡镇企业的发展，促进了我国农村经济的发展，也促进了农民住宅的进一步集中，住宅逐步形成产业，由自给自足到平均分配，再到商业化的发展，逐渐形成乡镇社区[73]。乡镇社区的住宅模式与城镇商品房基本无区别，均是多层或高层公寓建筑，基本未考虑老年人需求。农村私房建房制度仍实行集体所有制的宅基无偿使用。农民热衷建楼房，住房面积依然相当大，但市政设施依然严重不足。无障碍依然未纳入设计计划中，给老年人生活带来不便。

老年人对物质的要求并不高，最大的心愿就是两代人之间能够和睦相处，感情融洽，并能保持经常来往。如果晚年能得到子女的关心和照料，这对他们的精神是极大的安慰，也是感情上的极大满足，这是其他养老方式不能替代的。

3.3.3.2　社会介入养老

家庭养老最基本的条件是老年人与子女住在一起或相邻。当这一条件无法满足时，老年人可能迫不得已选择“自我独立养老”，于是有可能出现老年人在家中出现意外而无人发现，最不幸的是老年人死亡而无人知晓的问题。对此，国际上不断呼吁，对于老年人需要“居家养老，社区服务”。1982 年联合国第一届世界老龄大会发布的《维也纳老龄问题国际行动计划》强调：“应设法使年长者能够尽量在自己的家里和社区中独立生活——社区福利服务应以社区为基础向老年人提供预防性、补救性和发展方面的服务。”1991 年《联合国老年人原则》再次强调：“老年人应尽可能长期在家里居住——老年人应该得到家庭和社区根据每个社会的文化价值体系而给予的照顾和保护。”

我国各级政府同样鼓励居家养老。《中华人民共和国老年人权益保障法》❶提出老年人养老以居家为基础，家庭成员应当尊重、关心和照料老年人。《关于全面推进居家养老服务工作的意见》❷ 指出，全面推进居家养老服务是破解我国日趋尖锐的养老服务难题，切实提高广大老年人生命、生活质量的重要出路。

---

❶ 2012 年 12 月 28 日第十一届全国人民代表大会常务委员会第三十次会议修订。

❷ 全国老龄办 2008 年颁布（办发〔2008〕4 号）。

《湖南省老龄事业发展“十二五”规划》提出的养老体系的总体目标是基本建立以居家为基础、社区为依托、机构为支撑的养老服务体系。

为了老年人的晚年幸福，居家养老必须有社区介入，称为“社区介入养老”，准确地说就是“居住家中＋享受社会服务”，是指政府和社会力量依托社区服务机构和卫生医疗机构，协助家庭成员为居家老年人提供生活照料、家政服务、康复护理、文化娱乐和精神慰藉等方面服务，其性质可以是福利性的、公益性的，也可以是互助性的和商业性质的。这是一种社会化养老服务形式，是对传统家庭养老模式的补充与更新，是我国发展社区服务、建立养老服务体系的一项重要内容。

社区介入养老服务以经济困难老年人，独居、空巢老年人为重点服务对象，以日托照顾和上门服务为主要方式，同时顾及职业人士家中的留守老年人。

社区介入养老刚刚起步，虽然要求迫切，但总体看还不成熟，主要是居家养老服务的项目还不丰富，对于老年人的日常生活照料、心理健康、医疗保健、紧急援助、临终关怀等，社区尚未介入[74]。

3.3.3.3 机构养老

机构养老是以各种养老机构为载体，依靠国家资助、亲人资助或老年人自助，由养老机构提供养老照料的养老模式。在我国，养老机构按其性质可分为福利性、非营利性和营利性三类。福利性养老机构（由政府举办）是指在事业单位登记管理机关办理登记手续的养老服务机构；非营利性养老服务机构是指在民办非企业单位登记管理机关办理登记手续的养老服务机构，不以营利为目的；营利性养老机构是指在工商行政管理部门和税务部门办理登记手续的养老服务机构，它追求利益最大化[75]。养老机构的称谓也有不少，如老年人公寓、养老院、敬老院、老年人福利院等。机构养老不仅是为老年人提供日常的生活照料、医疗服务，还需要组织老年人开展多种多样的文娱活动，提供棋牌室、健身房、阅览室等全方位的服务。养老机构建立之初是政府专门为孤寡、无依无靠的老年人服务的，属于福利性质。随着人们商业意识的增强，养老机构开始尝试有偿服务，无子女或与子女分居两地或是身体状况较差、无法自理的老年人可入住养老机构。近年来，一些养老机构向高端发展，提供各类优质服务。一部分思想开放又有经济实力的老年人会考虑和选择追求高品质的生活质量，离开自己的住宅，入住高档老年人公寓。但以目前的状况来看，入住养老机构最多的还是失能失智老年人。

3.4 养老质量优化

我国现行的养老服务职能大多分散在政府的各职能部门，如民政、妇联、工

会、文化教育、劳动人事及企业生产等部门，政府各职能的老龄工作缺乏整体规划和行动协调。因此需要对政府各职能部门形成统一的管理，由民政部门主要管理老年工作，其他部门与民政部门有效地配合和协调沟通，才能改变目前人、户、单位严重分离的现象，提高现有公共服务设施的使用效率[76]。

3.4.1 全民福利

发展普惠型的老年社会福利事业，是养老事业的发展目标。但是全部费用由国家承担会比较困难，需要鼓励民营资本进入，国家则给予税收、土地政策方面的优惠，给予员工年金福利上的贴补，以此促进民营养老机构的发展。

失能失智的老年人群需要特殊服务；高龄老年人因已经失去了使用现金的能力，需要以物质的形式补贴生活而不是现金。目前，户籍制度仍是制约子女赡养老年人的一个障碍，需要完善老年人口户籍迁移管理政策，为老年人随赡养人迁徙提供条件。实施全民福利，目前可行的是开发原址养老，社区提供公共服务。

3.4.1.1 原址养老

原址养老是绝大多数老年人的心愿，不仅能降低养老成本，还能满足老年人的恋旧情结。为此，要努力做好适老住区的改造和完善，帮助老年人就地老化。弘扬“老吾老以及人之老”的传统美德，提倡亲情互助，营造温馨和谐的家庭氛围，发挥家庭养老的基础作用。地方政府从税收补贴上制定政策鼓励家属赡养老年人，提高老年人居家养老的幸福指数。

对于适老住宅设计，针对高龄父母与老年子女开发二代居户型住宅，其户型要求独立卧室、独立储存间和独立卫生间，公共阳台、公共起居室和厨房，有利于父代和子代之间的相互交流又满足不同年代老年人的生活习惯。针对祖辈、父辈及孙辈共同生活的居住模式开发三代居户型住宅，祖辈需要慢节奏、安静的生活，处于职场的父辈的生活节奏比较快，孙辈喜欢嬉戏打闹，这里关键要解决的是慢与快、静与闹之间的矛盾。

对于适老住区规划，加快推进无障碍设施建设，推行无障碍进社区尤为重要。《无障碍环境建设条例》❶ 第四章明确规定：

（1）社区公共服务设施应当逐步完善无障碍服务功能，为残疾人等社会成员参与社区生活提供便利。

（2）地方各级人民政府应当逐步完善报警、医疗急救等紧急呼叫系统，方便残疾人等社会成员报警、呼救。

（3）对需要进行无障碍设施改造的贫困家庭，县级以上地方人民政府可以

---

❶《无障碍环境建设条例》于2012年6月13日经国务院第208次常务会议通过，2012年6月28日中华人民共和国国务院令第622号公布，自2012年8月1日起施行。

给予适当补助。

无障碍设计服务于肢体残障、视力残障、认知能力障碍及体力衰弱人士，当然也包括老年人。目前的状况是城市公共交通系统、大型公共设施的无障碍设计做得较好，而与老年人联系密切的住区内部交通联系、小型商业网点的无障碍设计却很少，这是需要改进的方面。

3.4.1.2 公共服务

为鼓励支持原址养老，必须大力开展社区公共服务。把互助式服务、上门服务、日间照料中心、集中赡养机构等社区养老设施纳入小区配套建设规划。街道和社区（村和居民小组）基本实现居家养老服务网络全覆盖；建立包括老龄服务在内的社区综合服务设施和站点。加快原址养老服务信息系统建设，实现多目标社区服务。特别是提供社交和康乐服务，针对有自理能力的老年人，保持他们的健康和活力，预防他们在身体、社交和精神上的衰退。政府重点投资兴建和鼓励社会资本兴办具有长期医疗护理、康复促进、临终关怀等功能的社区集中养老机构，根据《护理院基本标准》❶ 加强规范管理。

公共服务可逐步开展，从有偿服务开始。对于无支付能力的老年人，其服务费用由社区承担或部分承担。有偿服务可以保证公共服务的可持续发展，而且是稳定的长期的，更重要的能够给老年人形成依赖而逐渐替代家庭的照料功能。

3.4.2 基本保障

3.4.2.1 生活保障

据笔者调研，湖南省的城镇因社会保障制度实施较好，基本无绝对贫困户，但农村情况则不容乐观。笔者在调研中发现，当前在湖南省部分农村地区，一些农户因病返贫、因灾致贫、老弱病残而贫困的现象比较突出。长期以来，传统的农村社会救济重点主要是农村中的五保户和优抚对象[77]。除此之外仍有一部分处于特困状态而社会救济不能惠及的。

税费改革后，由于取消乡统筹、村提留，县、乡、村三级财政收入大幅下降，无力加大对当地孤寡老年人的救助，无力改善敬老院的生活条件，导致居家或居住敬老院的老年人的生活状态均不尽人意。这些老年人，多数由于年弱体衰无法从事劳动生产，或有子女不能享受政府救助，但子女未尽到赡养义务，而导致贫困。对于年老体衰、身边无赡养者的老年人，不论其是否具备经济能力，当地政府都应该采取不同的救助方式，分类施保，实行实物分配、动态管理。

3.4.2.2 住房保障

计划经济时代理论上保障人人有住房，农村的“宅基地”、城镇职工的“福

---

❶《护理院基本标准》（2011 版），卫生部卫医政发〔2011〕21 号，自印发之日起施行。

利分房”都是住房保障制度的一种具体形式，但它们是低生产力水平下保障“人人有房住”的一种制度，人们的住房条件都很差。房改政策出台后，依靠市场配置住房资源，大部分人依靠自己的收入和国家的支持买房子住，如公积金政策、货币补贴政策、经济适用房政策等，住房得到了极大的改善。但仍有一部分弱势群体，自己买房困难，因此政府实施了一系列的住房保障制度保证其有屋可居，如廉租房保障、公共租赁住房保障。廉租房保障形式主要有两种：对已经租住住房的，由政府发给其一定数量的租金补贴；对无住房的，由政府建设并提供能够满足其基本居住需要的面积适当、租金较低的廉租房。对于新就业职工和有稳定职业、在城市居住一定年限的外来务工人员可享受公共租赁保障住房供应。最后还有少量特困老年人，他们连廉租房的租金也付不起。这就需要有制度来保障他们的基本住房需求，采取政府贴租的方式。政府宜制定一套针对老年人住房保障的政策，从配套商品房中切出一块作为廉租房或免租房提供给特困老年人[78]，对严重疾病、残疾、孤老等老年人的住房进行保障。同时，把住房保障资金列入财政预算，建立住房保障基金，帮助城镇低收入家庭的老年人改善住房条件，使其居住权得到有效保障[79]，确保我国老年人“住有所居”。

老年人失去工作能力，属于社会群体中的弱势群体，特别需要社会关注其住房问题。我国房改政策实施15年来，已经保证了绝大部分公民的住房，无房户属于极少数。但是大部分老年人的住宅质量却不太理想，企事业单位退休老年人已经拥有的住房一般是房改房，农村老年人无力改善自己住房条件的则更不在少数，他们把有限的资金投入子女“建新房，娶媳妇”的家庭大事中，自己还住土砖房。湖南省的住房改善速度明显滞后于住房保障，而老年人最需要的是改善住宅品质[80]。

农村老年人住宅条件的改善更需要依靠国家政策的鼓励，如为老年人进行住房维修和无障碍改造。当子女愿意与父母住在一起时，给予税收减免；当子女愿意给父母维修住房时，给予资金补贴。从政策的角度支持子女赡养老年人，也就保障了子女赡养父母的积极性，从而保障老年人的住所条件。

3.4.2.3 医疗保障

社区应逐步提供保健功能。我国在现有医疗机构体系的基础上，通过改革、改造和完善，建立了适应我国快速老龄化形势的健康与卫生服务体系。“十一五”期间，全国社区卫生服务中心（站）从17128所增加至27308所，增幅为59.4%；医院数从18703所增加至20291所，增幅为8.5%；村卫生室从2005年的583209所增加至2009年的632770所，增幅为8.5%，设卫生室的村数占行政村的比例也从85.8%上升至90.4%。但我国老年医疗保障从属于一般性的医疗保障，没有相对独立的专门针对老年人的医疗保障制度，老年人群面临医疗保障水平偏低、保障效果差、不能满足其特殊医疗需求等困境。面对严峻的人口老龄化趋势，必须探索建立围绕老年人基本医疗需求的，由基本医疗保险和针对老年慢性病、大病的补充医疗保险所组成的，多层次的老年医疗保障体系。可通过整合现行医疗保障制度，建立全面覆盖老年人的医疗保险制度，直接建立围绕老年人基本医疗需求，由基本医疗保险和针对老年人慢性病、大病的补充医疗保险所组成的双层保障的老年医疗保障制度[79]。

总的来说，我国政府卫生支出占卫生总费用的比重明显低于大多数国家。从构建和谐社会的角度看，相对于养老保障来说医疗保障显得更为迫切。

基于我国特色，发挥政府养老的主导性作用才能基本实现老有所依。欧美国家注重个人独立性，除政府支持外，民间机构养老也很成熟并起到了极大的作用，其中宗教组织在早期就介入养老活动，这一点在我国相对薄弱，宗教组织作为民间组织在社会养老中的作用微乎其为；中国传统的家族内救济模式由于家庭人口的骤减、大家族的覆灭而趋于停滞。由于民间养老机构的培育缺乏文化背景和前期基础，因此现在要建立起来就面临很多的困难。目前，民间资本进入养老行业，经济利益是其最大的驱动力，归根结底还是离不开政府的引导作用。

3.4.3 社区护理

针对空巢、独居老年人的增加以及由于成年子女的全职工作而无暇留在家中照顾老年人的现状，为降低家庭养老成本、提高老年人生活质量，开展社区护理服务是一套行之有效的办法，它是社区公共服务的一个重要组成部分。

3.4.3.1 护理评估机制的建立

护理评估为做出护理诊断、制订护理计划、评价护理效果提供依据，是社区护理的前期基础工作。老年人需要护理服务时，可向社区所辖的护理评估小组提出申请，也可由社区工作人员代为申请；护理服务评估人员在服务申请递交之后对老年人的身体状况、护理等级和家庭状况进行调查和评估，最后做出决定，看其适合哪种护理方式，如社区集中护理机构护理、社区日托护理机构护理或上门护理等；之后进行试护理，若满意则签订护理合同，缴纳一定的服务费用，如不满意，评估小组进行护理员再匹配。护理服务评估人员承担社区护理服务的调查、评估和批准，并对老年人护理进行全程监督。

3.4.3.2 护理经费的筹措

与医疗保障相比，湖南省大部分地区尤其是农村乡镇和收入相对中低的市县暂时没有建立老年人护理保障体系，缺乏老年人护理保障基金来源，据笔者团队的调查，老年人也极不愿意购买养老服务。为了尽可能使多的老年人获益，不至于因为无力支付护理费用而导致健康状况恶化或由于支付了护理费用而使得其经济状况变差，需要保障最低水平的基本护理经费供给。资金的筹措就成为当务之急。

对于特困老年人，宜建立特困老年人护理救助制度，给予他们护理上的救助；对于无经济来源的老年人，宜定期进行财政补贴，使其能够享受相关的护理服务；对于经济条件较差的老年人可以进行适当减免，如只收取人工服务费，免去设施使用费等，减免的费用由当地的财政支付。

对于有经济能力的老年人，应鼓励其购买商业保险，将老年人护理保险纳入到社会保障体系中，鼓励企业参入护理行业等等多渠道筹措资金，以保障社区护理服务可持续运行。

3.4.3.3　护理人员培训

护理保障制度不但要有经费的支撑，还要有人、财、物的统一配合。人才的支撑是三项管理中的难点，也是最容易提升服务质量的一环。

护理员分为专业护理员和非正式护理员。专业的护理人员需要从国家的层面采取相应的措施，增加有关学科的学校教育投资，扩大招生规模，培养能够适应家庭护理及机构护理新要求的、综合知识丰富的护理员，保证护理人员走职业化、专业化、年轻化的道路。加强护理人员的培养，提高其个人职业认同感，不但能够针对老年人进行基本的护理、家务帮助等，还能进行一些精神护理、心理支持、情感慰藉。护理人员应该有高职、专科、本科、硕士等级的护理级别，形成有梯队的人才培养序列。

非正式的护理员亦称“家庭陪护员”，家庭陪护员的来源可以灵活化，利用无重大负担、身体健康的老年人去帮助需要护理的老年人，可以将社区中50岁以上的退休中年人组织起来，一方面他们有较为空闲的时间，另一方面他们对社区中的老年人也比较熟悉。俗话说“远亲不如近邻”，他们对老年人的照顾也比较贴心，在护理服务的专业化需求水平不是太高的情况下，完全可以由这些人员胜任。这种护理是不计报酬的，也是那些经济条件差的老年人最需要的，而那些帮助他人的老年人有权在其将来身体状况不理想、需要获得护理的时候同样得到别人的帮助。但需要提高志愿者的护理素质，进行知识及技能培训，加强管理。在职业院校和职业培训机构可开设养老服务专业（职业），培养养老服务专业人才。建立养老服务培训基地，加快培养老年医学、康复、护理等方面的专业人才，实现100%持职业资格证书上岗。

可将每周对老年人进行访问、陪老年人聊天逛街作为陪护的项目纳入管理中。这样可以为社区互助性护理组织的建立创造一定的条件，使那些需要护理的老年人随时都可找到合适的人员为他们进行有效的护理，提高护理质量。社区为中青年志愿者和学生活动提供平台，进行制度性安排。

4 适老住区的规划研究

基于我国的养老文化和老年人的消费水平，高档老年公寓不适合我国近期国民的养老习惯，也超出了人们的承受能力，大力发展改造现有的住区❶以适应老年人的生活，才能惠及绝大部分老年人。我国现行的法律和规范对住区老年公共服务也加强了关注。

4.1 住区老年公共服务的相关政策

4.1.1 法律和规范对老龄化的关注

十一届全国人大常委会第三十次会议修订的《中华人民共和国老年人权益保障法》于2013年7月1日起施行，其中第六章针对老年人的宜居环境做了如下相关的规定[81]：

（1）国家采取措施，推进宜居环境建设，为老年人日常生活和参与社会提供安全、便利和舒适的环境。

（2）各级人民政府在制定城乡规划时，应当根据人口老龄化发展趋势、老年人口分布和老年人的特点，统筹考虑适合老年人的公共基础设施、生活服务设施、医疗卫生设施和文化体育设施建设。

（3）国家制定和完善涉及老年人的工程建设标准体系，在规划、设计、施工、监理、验收、运行、维护、管理等环节加强相关标准的实施与监督。

（4）国家制定无障碍设施建设标准，新建、改建和扩建道路、建筑物、交通设施、居住区等，应当符合国家无障碍设施建设标准。各级人民政府和有关部门应当按照国家无障碍设施建设标准，优先推进与老年人日常生活密切相关的公共服务设施的改造。无障碍设施的所有人和管理人应当对无障碍设施进行保护和及时维修。

（5）国家引导、支持老年宜居住宅的开发，推动和扶持老年人家庭无障碍改造，为老年人创造无障碍居住环境。

---

❶住区与社区：住区是按人口规模角度划分出的概念，从大到小依次是居住区、住宅小区（住区、小区）、组团；社区是按行政管理级别角度划分的概念，从大到小依次是街道、社区、居民小组。不同场合，称呼不同。

（6）各级人民政府和有关部门应当开展多种形式的老年宜居环境宣传教育，倡导全社会关心、支持、参与和监督老年宜居环境建设。国家支持高等学校、科研机构开展老年宜居环境科学研究，培养管理人才和专业技术人才。

（7）国家推动老年友好型城市和老年宜居社区建设。

《老年人权益保障法》的修改和补充，表明政府从国家的层面进一步关注老年人。

人口老龄化是居住区规划中涉及社会、经济、文化等方面的一项综合性很强的研究内容。适老住区规划与老年居民的生活习惯和切身利益密切相关。规划师、建筑师等专业人员应共同参与制定居住区老年公共服务规划，更好地体现老年人意愿，为老年人服务[82]。目前，我国关注和涉及老龄化的规范和建筑设计标准主要包括《城市居住区规划设计规范》(GB 50180—1993)、《老年人居住建筑设计标准》(GB/T 50340—2003)以及《老年人建筑设计规范》(JGJ 122—1999)。

《城市居住区规划设计规范》（GB 50180—1993）[83]对老龄化的要求和规定较为粗略。例如，在第1.0.5款“住区的规划设计遵循下列基本原则”中的第1.0.5.5款中说明，应“为老年人、残疾人的生活和社会活动提供条件”；在第5.0.1A款中要求“住宅建筑的规划设计中宜安排一定比例的老年人居住建筑”，而没有像中小学校、幼儿园一样明确规定其服务半径和用地规模。该规范对老年人居住建筑还做了以下规定：

（1）住宅日照标准应符合相关规定，对于老年人居住建筑不应低于冬至日照2小时的标准。

（2）老年人居住建筑宜靠近相关服务设施和公共绿地。但该条款并未提出具体的指标和数据。

《城市居住区规划设计规范》（GB 50180—1993）在第6.0.1款中指出，“居住区公共服务设施（也称配套公建），应包括：教育、医疗卫生、文化体育、商业服务、社区服务、市政公用、行政管理及其他八大设施。”养老机构仅属于社区服务中的一部分，在规范附表中有所表述，如表4-1所示，且均属于宜设置的项目，而非应配建项目。

表4-1　公共服务设施各项目的设置规定

类别	服务项目	服务内容	设置规定	每处一般规模	
				建筑面积/m²	占地面积/m²
社区服务	养老院	老年人全托式护理服务	1. 一般规模为150～200张床位； 2. 每张床位建筑面积≥40m²	无规定	无规定
	托老所	老年人日托（餐饮、文娱、健身、医疗保健等）	1. 一般规模为30～50张床位； 2. 每张床位建筑面积20m²； 3. 宜靠近集中绿地安排，可与老年人活动中心合并设置	无规定	无规定

老年人的要求、爱好与活动方式不同，对公共服务设施的需求也就呈现出多样化的特点。为适应这种多样化的需求，需要细化老年公共服务体系的种类和项目[84]。

《老年人居住建筑设计标准》（GB/T 50340—2003）第1.0.3款明确规定："该标准适用于专为老年人设计的居住建筑，包括老年人住宅、老年人公寓及养老院、护理院、托老所等相关建筑设施的设计。新建普通住宅时，可参照本标准做潜伏设计，以利于改造。"该标准未单独为适老住区做出规范，但对老年人居住建筑设计的规模、选址与规划、道路交通、场地设施、停车场、室外台阶、踏步和坡道等做出了相应的规定。

《老年人居住建筑设计标准》（GB/T 50340—2003）第4.1.3款规定了老年人住宅套型设计的最低建筑面积标准（如表4-2所示）以及老年人住宅和老年人公寓各功能空间的最低使用面积标准（如表4-3所示）。

表4-2 老年人住宅套型设计的最低建筑面积标准 （m^2）

组合形式	老年人住宅	老年人公寓
一室套（起居、卧室合用）	25	22
一室一厅套	35	33
二室一厅套	45	43

表4-3 老年人住宅和老年人公寓各功能空间的最低使用面积标准 （m^2）

房间名称	老年人住宅	老年人公寓
起居室	12	
卧室	12（双人）或10（单人）	
厨房	4.5	—
卫生间	4	
储藏	1	

从表4-2可以看出，对于老年人住宅的套型设计从一室套到二室一厅套，仅满足老年人夫妇或独居老年人居住使用，未考虑亲情反哺，也未考虑老年人"含饴弄孙"的乐趣，显然与现在养老模式的要求有一定差距。表4-3对每一个使用功能的最低使用面积都做了规定，4m^2的卫生间仅适合一个人单独使用，而老年人的洗浴是最需要人帮助的，这样的使用面积显然不够。因此，起居室的面积可以适当减小，但卫生间的面积一定要适当加大。

《老年人建筑设计规范》（JGJ 122—1999）第1.0.3款指出："专供老年人使用的居住建筑和公共建筑，应为老年人使用提供方便设施和服务。具备方便残疾人使用的无障碍设施，可兼为老年人使用。"未区分残疾人和老年人对无障碍设施要求的不同。第3.0.2款规定："老年人居住建筑宜设于居住区内，与社区医

疗急救、体育健身、文化娱乐、供应服务、管理设施组成健全的生活保障网络系统。”这正是适老住区规划的指导依据。

4.1.2 医疗保健对老龄化的关注

庞大的老龄化队伍将使老年医疗保健服务需求量大增。老年群体是社区医疗保健服务的重点对象，为此，必须大力发展社区医疗服务，以满足日益增长的老年医疗保健的需求。

4.1.2.1 建立老年人健康卡

社区初级卫生保健组织，建立老年人健康卡，为辖区老年人开展医疗、预防、保健、康复服务提供可能，其服务内容之一是建立老年人社区管理和保健系统。了解老年人的状况不难，公安户籍管理部门有老年人的年龄户籍资料，物业公司有所有住户的房屋资料，各医院也有老年人的健康记录。如果社区能把这些资料整合起来，建立老年人健康卡，将为社区协助养老、公共服务体系的老年服务、住区的户外环境适老化建设提供完整的基础资料。

社区卫生建设和开展社区卫生服务是我国的一项基本卫生制度。20 世纪 70 年代末、80 年代初，“社区卫生”和“社区卫生服务”概念引入中国。“2000 年人人享有卫生保健”是 1977 年世界卫生组织提出的全球战略目标，1986 年我国政府已经明确表示了对这一目标的承诺[85]，但至今这个目标并未完全达到。

建立老年人健康卡，同时可以了解所服务的失能失智老年人的基本情况和医疗康复需求，对住区内的失能失智老年人定期进行健康体检，进行必要的部分物理体检❶，提供康复指导和咨询，对长期卧床病人进行护理锻炼，开展临终关怀服务等。建立老年人健康卡的另一个重要的作用是可以推动社区居民自愿参加社区卫生服务活动[86]。

4.1.2.2 建立老龄人口信息管理数据库

我国一直致力于数字化社区建设，1997 ~ 1999 年以安全防范为主，2000 年以后以网络建设为主，现在以提供网上服务为主要发展目标，以前的安全、物业管理和信息化等基础设施建设随着时间的推移，将变成建设数字化社区所必备的硬件环境[87]。数字化社区的基本内涵是：利用现代化的控制技术、计算机技术、网络技术、通信技术和多媒体（音形、音像、视频等）技术等，将社区活动中的众多信息，通过社区中现代化的通信基础设施，将“信息高速公路”连接起来，以达到信息资源采集、加工融合和共享，为社区的现代化管理服务创造一个安全、舒适、高效、节能、健康的工作环境及居住环境[88]。在数字化社区的基

❶物理体检：以感官观察、触摸、度量、物理学诊断仪器等物理手段进行体检的方法。一般物理体检内容有：身高、体重、体温、心肺听诊、血压、牙齿、视力等，以及心电图、X 光、B 超、CT、核磁共振等。

础上，结合老年人健康卡，建立老年人口信息管理数据库，就能够更方便地对辖区内老年人进行服务与管理。

4.1.2.3 建立家庭医生随访制度

长期以来我国没有建立家庭医生制度，老年人一旦患病，或是去药店买些药物自行治疗，或是在住区周边小诊所输液打针。去大医院就诊必须有陪护，老年人怕麻烦子女，一般不去。无子女的老年人则更加害怕生病。社区医生和居民之间尚未形成紧密的契约关系，社区首诊制也未推行，大多数居民仍是“有病乱投医”。在无序的流动中，医患关系基本属于“陌生人关系”。而在开展社区卫生服务时，由于缺乏家庭医生这一环节，很难自然地将医疗卫生服务渗透到家庭。

在多数发达国家医疗服务的“金字塔”中，大医院医生是“塔尖”，而社区全科医生是“塔基”。由于建立了家庭医生制和社区首诊制，每一位居民都有一位相对固定的全科医生。居民一旦有病，随时可以和全科医生沟通交流。如需到大医院就诊，全科医生负责预约安排。因此，医生和患者之间是一种信任度较高的“熟人关系”[89]。由病人自由选择医生，在联系和信任的基础上，建立家庭模式的医患关系，由家庭医生提供家庭式的医学服务。在家庭医生诊断治疗下，或者痊愈，或者转由医院治疗。在发达国家，老年人、残疾人、儿童、慢性病患者、心理障碍病人、临终患者以及康复患者等各类人员的护理，主要由社区护理组织承担。

发达国家的社区卫生服务制度是在居民、家庭、社区的主动需求之上发展起来的，而我国制度的建立程序不一样，是从国家、地方政府到社区强行推进的。由于缺乏群众基础，缺乏理解支持，实际工作效率和效果就出现明显差别[90]。所以还是要从基层做起，加强对社区小诊所的管理力度，社区基层组织主动服务辖区人员；以现有小区卫生站为基础，补充完善老年人医疗保健服务设施；进一步加强社区内老年人专科门诊的建设，帮助老年人在社区中就能有效地解决常见病的预防和就诊；引导合理医疗需求，开展家庭医生首诊制，使大量的不必要在上级医院就诊的病人可以在社区接受医疗服务，使所有社区居民都能够得到连续性的医疗卫生服务。

尽管湖南省在鼓励居民到基层医院首诊方面采取了很多措施，例如提高基层医院的医保报销比例，但省市级医院仍然人满为患，社区医疗服务仍不到位。

4.2 总体设计目标

4.2.1 住区规划的制约因素

住区规划的制约因素主要有固有模式的制约、“构图为美”意识的制约以及

自然条件的制约。

4.2.1.1 固有模式的制约

传统住区规划中“居住区—小区—组团—院落”这种严格的分级制度，缺乏交流活动空间，是造成居民活动范围狭小、邻里关系疏远的原因之一[91]。扩大居住组团和居住院落的空间，扩大居民的活动、交际范围，赋予居民更多共同的事务，能使邻近住户更加亲密、更加有归属感。

现在大多数住区环境设计重观赏价值，轻使用价值：成片的绿地水面，不能进入的花圃……表面好看，实际用途不大。人及其活动是最能引起人们关注和感兴趣的因素，相比可望而不可即的绿地和水面，人们尤其是老年人对街道上往来行人的形形色色活动有更大的兴趣。纯粹的景观只能占据人们过多的交往空间。

4.2.1.2 “构图为美”意识的制约

我们的规划多数是以决策者或开发商的审美取向为美，强调纪念性与展示性，致力于建造清晰、简单的城市，消灭混乱与无秩序；致力于规律性、利用轴线引导设计，或者说为满足平面上的构图美学的原则而人为将土地平整，形成一种构图为美的效果。虽然有很多实例能很好地体现这些美学原则，但在丘陵地区，地形变化复杂丰富，很难在规划设计中采用规则构图的模式，除非大兴土木，移山填水。很不幸的是，在湖南省境内，以构图为美的住区规划设计比比皆是，造成了城市印象的千篇一律。图 4-1 所示为长沙某住宅小区鸟瞰图，图 4-2 所示为大连某住宅小区鸟瞰图，两者之间看不出更多的区别。

图 4-1 长沙某住宅小区鸟瞰图❶

图 4-2 大连某住宅小区鸟瞰图❷

4.2.1.3 自然条件的制约

气候最显著的特征是季节和昼夜的温差变化。这些特征随纬度、经度、海

❶❷ 图片来源：Google 地图截图。

拔、日照强度、植被条件以及气流、水体、沙漠等影响因素的变化而变化，直接影响人们的生理健康和精神状态。

湖南省属中亚热带季风湿润气候，光热充足，雨量丰沛，但夏季炎热，冬季寒冷，如2010年2月11日~2月17日，日平均气温只有0~1℃，夏季酷热天气达85天，极端高温达41.6℃。为此，道路两旁可种植乔木如香樟、玉兰、梧桐作为行道树（如图4-3所示）。此外，遮阳效果良好的凉亭（如图4-4所示）、适合室外步行的骑楼（如图4-5所示）等半开敞空间的设计是应对湖南省炎热气候条件的特色户外建筑设计策略，也方便了老年人的交往。

图4-3　作为行道树的乔木

图4-4　遮阳效果良好的凉亭

图4-5　适合室外步行的骑楼

4.2.2　适老住区的设计目标

适老住区的设计目标是：提高老年人的生活品质，满足老年人身体变化的需求，加强服务智能化的水平。

4.2.2.1 提高老年人的生活品质

城市化水平的不断提高使城市住区建设有了长足的进步，人们对住区的要求已经不满足于简单的居住而希望拥有更高品质的生活环境，人们也越来越关注居住空间的各项功能。

一个住宅小区的人数一般控制为10000～15000人，家庭户数3000～5000户❶。按照每户0.5位老年人的人口比例，一个住区内老年人数量一般为1500～2500人，新建住区的老年人相对较少，而老旧住区、乡镇住区的老年人相对更多。因此，对老旧住区和乡镇住区的适老化改造显得更为迫切。

住区居民是住宅及住区户外空间的使用主体，年龄段的差异使得他们的休闲娱乐活动也具有鲜明的特征。不同群体对住区户外休闲娱乐空间有不同的需求；相同群体表现出一种趋同现象。人们都有一种念旧的习惯，老年人更是如此，保留住区中旧的景观实体，能给老年人带来安全感和归属感。适老住区总体设计的目标之一是确定宜人的尺度并限定不同用途的空间，保存人们的恋旧情结。

安全是人们户外活动的第一要求，需要有避免交通事故的设计、服务于老弱病残的无障碍设计。良好的户外物理环境，如温度、湿度、日照和风速，必须纳入规划设计考虑之中；提供户外交往空间和活动空间是住区功能必不可少的。住区规划设计中应该为老年人提供方便、舒适和富有活力的场所、环境及设施，适合组织丰富多彩的社会性活动。

4.2.2.2 满足老年人身体变化的需求

由于老年人的环境适应能力逐渐减弱，在进行住区建设时，应注重为老年人创造更符合他们生活习惯的环境空间，以达到居家养老的目的。住区适老化设计可从老年人的生理变化和心理变化两个方面入手[92]。

常规的住区从规划布局到单体设计、从住宅的外部环境设计到内部装饰，在最初设计时都较少考虑老年人的需求，如坡道、扶手、路段中的休息坐凳等，更谈不上齐全的老年人交流场所、健康居住环境。住区规划设计基本上都是以成年人和身体健康者的行动标准为依据的[93]。随着老龄化人口的增加，现有的住区的环境和设施就越发显得不能适应这种年龄结构上的变化所带来的新的要求。在老龄化社会中，住区的规划建设须从居住区的可持续性出发，应该更多地面向那些行动范围常常只能局限于住区内的老年人，面向那些活动能力下降、行动灵活性差、视力听力下降、语言表达能力不足的老年人；应该更多地、设身处地地为老年人考虑，把他们对居住建筑类型、设施配置和物业管理、户外休闲环境等方面的需求贯穿到住区规划和建设的整个过程中，最大限度地满足他们的生活需求。打造适合老年人居住生活的住宅、住区已经成为当务之急[94]。

---

❶见《城市居住区规划设计规范》（GB 50180—1993，2002年版）第1.0.3款。

并非住区内所有的居住单元都需要具备养老条件，在住区规划时，需将适老单元合理地布局于住区内，以达到适老化设计的目标。按照2020年我国老龄化比例为17.17%的预测，我国住区内的适老住宅单元比例应该高于15%才能基本满足要求。依据住区家庭规模3000~5000户，则至少需要配置450~750户适老住宅单元。

确定适老住宅单元的比例后，规划师需要对这些居住单元进行布局。首先，老年人的居住环境要求安全和交通方便，同时要有独立的生活空间。为此，适老住宅宜分散布置在住区出入口附近的住宅楼的首层，最好不超过第三层。社区服务中心、商业网点等居民活动频繁的场所也恰恰多在住区出入口处，如此一来，老年人即使不进入这些场所，也可以观察到这些场所内居民的活动，使老年人有参与感。但需要避免适老住宅单元与居民活动场所发生空间上的冲突。此外，老年人较为依赖公共交通和步行，因此从住区出入口到地铁站口或公交车站需要考虑适应老年人的无障碍设计。

4.2.2.3 加强服务智能化的水平

智能化服务指将电脑联网、光缆通讯、防灾控制、水电燃气消耗的自动采集等新技术服务应用于住区中，创造一个信息快速、管理先进、帮助及时的住宅小区。现代的居住方式使城市老年人居家更封闭，由于他们各种机能的下降，时常有不可预测和突发的事件发生，因而他们更需要得到及时的、全方位的帮助，故对老年人的居住环境还应建立与之相适应的智能化服务，以体现对住区的功能、结构及运行管理等多层面的优化管理。例如，住区的管理中心应能够及时发现在老年人居住环境内所发生的一切意外事故，诸如有害气体泄漏、火灾、突发疾病等，以便立即提供紧急帮助；住区的服务中心应能迅速响应老年人的各种要求，如护理、生活服务、休闲娱乐、聊天、读报、咨询等，使他们能获得各种帮助。

当前居民对社会保障设施的需求往往要在街道、地区或更大的范围内才能解决。人口老龄化趋势使老年人成为居住区中一个不可忽视的庞大的特殊群体，所以在住区内就近向老年人提供各种设施和服务就成为必需，特别是对于那些各种能力正在逐渐减退、自己越来越不能照顾自己，而日益需要依赖他人协助料理家务和各种医疗卫生保健服务维持活力的老年人来说，更是非常重要。因此，住区的公共服务设施项目及其指标必须要从人口老龄化的角度进行重新修订，为老年人而设置的配套项目与服务内容需要全面加强和完善。一方面，要从老年人个体的角度，配置老年人室内外无障碍建筑设施、安全保障设施，方便老年人自由活动。另一方面，需要建立从居住区、住宅小区、组团到每家每户的社会支持网络，这些支持一直深入到老年人个体，帮助其料理家务，提供用餐服务、设施维修服务、家庭病床及护理、陪伴等，形成适合于城市中不同的经济条件、文化水平、行动能力的老年人需要的多层次、多样化的设施和服务系统。

建立老龄人口综合信息库，是建设数字化社区的一部分，可以实时发布住区集中赡养中心床位的使用状态、入住要求及相应的养护护理服务信息，收集住区空巢、独居老年人以及养老院老年人对志愿服务的需求信息，帮助社会组织或志愿者和机构发布自己的“敬老”心愿和服务计划。

4.2.3 适老住区的消防安全

老年人对火灾的感知、判断和反应能力都大大降低，而住区内火灾隐患较多，如大部分房间内都有火源，老年人很多都有吸烟习惯，冬季煤炉取暖，夏季蚊香驱蚊，这些都增加了致灾因素。

老年人自救能力差，不利于对初期火灾的处理。除自己能行走的老年人外，搀扶下可行走的老年人和不能行走的老年人在火灾情况下都需要他人帮助才能安全疏散，而火灾时电梯无法使用，只能通过楼梯疏散，护理员和消防救援人员只能靠背负、担抬老年人撤离火场。人员疏散需要较长的时间，而火灾蔓延的速度又很快，疏散和救援工作十分费力，这就需要大量救助人员，因而增加了救援难度，当走廊、楼梯间充满烟气时，就会严重影响疏散行动，造成人员伤亡[95]。

4.2.3.1 分散式的建筑布局

适老住宅单元宜分散布置于普通住宅楼之中，宜在地面的首层或低层房屋内，最好不超过三层，供老年人租用。采取分散式的建筑布局形式对防火安全较有利，能帮助老年人迅速地到达避难场地。适老住宅组团宜独立建设，自成一体。住宅四周布置环形消防车道，方便消防车停靠，对疏散、救援行动不便的被困老年人有利。有一部分的老年人住宅由居民住宅楼改建，或者设置在商住楼等建筑内，增加了火灾危险性。居民住宅楼是按照《住宅建筑规范》（GB 50368—2005）设计的，而老年人住宅是按照《老年人居住建筑设计标准》（GB/T 50340—2003）设计的，后者要求要高于前者。当必须设置在其他民用建筑内时，宜设置独立的安全出口，安全出口不能上锁、封闭，与其他部位做好防火分隔，耐火等级提高一个等级[96]。

从消防安全角度讲，层数越高，火灾情况下越不利安全疏散，如因建设用地限制必须建设高层时，则应以安排自理老年人为主。但《高层民用建筑设计防火规范》（GB 50045—1995）中对老年人建筑的设置没做任何要求，可见这一方面的规范还不健全。高层建筑作为老年人公寓尽量不采用[97]。

4.2.3.2 消防通道和防火分区

进入住区的道路，应方便居民出行和利于消防车、救护车的通行。住区内消防车通道必须通畅，不可设置临时性建筑或者固定性障碍物，消防车道的宽度不应小于4.00m，宜设置环形车道。若有困难时，可设置尽头式消防车道，但应加设回车道或回车场，回车场不宜小于15m×15m，大型消防车的回车场不宜小于18m×

18m。供消防车取水的天然水源和消防水池周边也应设消防车道并保证畅通[98]。

《城市居住区规划设计规范》（GB 50180—1993）第 8.0.6.2 款规定："居住区内地面停车率（居住区内居民汽车的地面停车位数量与居民住户数的比率）不宜超过 10%。"然而目前很多住区的住户拥车率已达 70%，当住区不具备地下停车位时，住区内道路（也包括消防通道）全部变为停车场，一旦夜间失火，那些滞留在住区内道路上的私家车将对区域内发生的火灾在短时间内有效控制和扑救造成困难。为严格执行规范的要求，消防通道一定不能挪作他用，需设置消防标志。

老年人建筑的防火分区宜较多层建筑更为严格，建筑构件应达到二级耐火等级标准。老年人居室通向公共走道的户门，宜采用乙级防火门。医疗室、健身房、公共活动室等多种公共用房宜独立布置，独立构成防火分区。防火分区标准需要进一步改进。根据《老年人居住建筑设计标准》（GB/T 50340—2003），老年人居住建筑的最低面积标准为每人 $25m^2$，按照《建筑设计防火规范》（GB 50016—2006）最大防火分区面积 $2500m^2$ 计算，每个防火分区要疏散 100 名老年人，短时间内及时疏散这些行动不便的老年人，难度很大。因此，在适老住宅组团中，防火分区需要做得更小，增加建筑分隔，阻止火势蔓延，为逃生和救援争取时间。

老年人建筑中的楼梯间、消防电梯井、管道井等也应做好防火分隔。为保证老年人的安全，《老年人居住建筑设计标准》（GB/T 50340—2003）规定公用走廊的有效宽度不应小于 1.50m，公用楼梯的有效宽度不应小于 1.20m；《住宅设计规范》（GB 50096—2011）规定公用走廊的有效宽度不应小于 1.20m，公用楼梯的有效宽度不应小于 1.10m。可见前者要求更高。但是搀扶或背负老年人疏散的同时，还要有轮椅或担架等工具，而轮椅宽度约为 60cm，担架宽度约为 60 ~ 70cm，长约 2m，这就给疏散增加了更大的难度，尤其在楼梯改变方向的时候。可见在疏散宽度的设计上，以上两个标准和规范均未考虑轮椅和担架的因素。老年人公寓的疏散尽量采用环形走道和外廊，确保有两条以上的疏散线路。每一间老年人居室应有门通向外廊和相连的外阳台，便于疏散或等待消防救援。老年人使用的步行道路应做成无障碍通道系统，还可以多设置直通室外坡道、滑梯等疏散通道，方便行动不便的老年人通过坡道滑出危险区域。在坡道上要设置增大摩擦的减速缓冲装置，以免老年人摔伤。

4.2.3.3 避难场所

目前住区的特点是，高层住宅不断加高，单体建筑物的容积加大，居住区密度增大，建筑物之间的安全空间相应减少。住区本身的防火、通风、采光、休闲娱乐等配套能力和所占空间已大大降低，由于住区缺少地下停车场，使得有限的安全空间又被停车位占用。用于市民逃生的通道和安全场所严重不足。除消防通道设置消防标志外，应急避难场所也要设置障碍，防止机动车入内停放。

应急避难场所是城市应对地震、火灾和洪水等重大突发性自然灾害、人为事

故和意外灾害事件，减少伤亡和损失的一项重要措施[99]。应急避难场所的服务半径与其功能有关，按功能可分为紧急避难场所、长期避难场所两类[100]。

根据城市的具体情况可将城市广场、公园、绿地、学校操场等列为应急避难场所。

北京市规定紧急避难场所人均用地面积标准为 1.5～2.0m²，长期避难场所人均用地（综合）面积标准为 2.0～3.0m²。深圳市规定："避难场所一般按人均 2～4m² 的标准进行建设，困难地区最小按每人 1.5m² 的标准进行建设。"北京市规定紧急避难场所的服务半径为 500m，即步行 5～15 分钟内到达为宜；长期避难场所的服务半径为 2000～5000m，即步行 0.5～1 小时内到达为宜。深圳市提出："紧急期避难场所的服务半径不宜超过 500m，长期避难场所的服务半径不应超过 2000m，重建期避难场所的服务半径可在 2000m 以上。"

应急避难场所需要有一定的面积，一个住区需要保证 2000m² 左右的紧急避难场所和 4000m² 左右的长期避难场所。

北京市提出的地震避难场所疏散道路设置要求是：紧急避难场所应设置两条以上疏散道路，每条道路宽度不小于 3.5m，长期避难场所应设置 4 条以上疏散道路（安排在不同方向上），道路宽度不小于 15m，长期避难场所内部主要道路的宽度应不低于 3.75m。深圳市规定："城市防灾安全通道的宽度为 15m 和 7m 两级；城市防灾疏散干道基本宽度为 7m 双向机动车道，人行道 2m 宽；紧急避难场所内部至少要保证一条救灾通道。灾难期避难场所的通道宽度为 8～15m 或更宽，保证至少两条机动车道，避险期避难场所的通道应宽于 15m。"我国台湾一些城市规定以城市主干道作为疏散道路，其两侧树立标志，拆除两旁易倒塌的建筑物等，以方便受灾人员使用及救援车辆通行。

为保证震后受灾市民能够正确和迅速地到达避难场所，日本在世界上第一个确定了避难场所标志[101]。图 4-6 所示为长沙市某住区的应急避险标志，图 4-7 所示为室外避难场所。

图 4-6　应急避难标志

图 4-7　室外避难场所

4.2.3.4 消防设施

公共消防设施是住区消防建设重要的物质基础，住宅小区尤其是老年人占多数的住区更需要按照国家消防技术相关规范要求进行规划和建设，消防队（站）、消防通道、消防给水、消防通信等公共消防设施必须与住区同步设计、同步建设，社区要依托警务站设置消防室，安装报警电话，设置消防器材箱，配备小型手推车式的灭火救援设备，手推车内置水带、水枪、灭火器、战斗服等，在居民住宅楼配备灭火器，随时接受居民群众的求助[102]。

老年人建筑宜设置火灾自动报警系统和火灾自动灭火系统，通过烟感、温感、手报、声光报警、消防广播等警报装置，第一时间发现火灾，启动自动灭火系统，及时疏散。同时考虑到老年人建筑的特殊性，宜设置火灾智能救助系统，一旦发生火灾或其他紧急事件，探测器会自动报警，或由老年人手动按下救助按钮，信号通过 GPS 或 TD 无线网络技术传输到监控中心、辖区消防巡防车、火灾调度指挥中心，为救助赢得时间。增加消防电梯逃生，大大提高疏散效率。

因为老年人的视力普遍下降，需要提高消防疏散指示标志和消防应急照明的照度，估计配备特殊的消防逃生设施，如在每个房间配备简易防烟面罩、手电筒、保险绳等，老年人在慌张的时候可能不会使用，更加需要救助人员及时救助和帮助逃生。居室、浴室、厕所所设置的紧急报警求助按钮，在平常也要常常指导老年人使用。有条件时，老年人住宅和老年人公寓中宜设生活节奏异常的感应装置。

4.3 适老住区道路系统规划与设计

4.3.1 主要出入口的规划与设计

住区出入口区域是场地中最活跃、使用最多的外部空间。住区出入口对本地居民、访问者，尤其是老年人都非常重要。在住区规划时，需要考虑场地出入口的安全性、易识别性和可达性。场地的开发类型和开发规模在很大程度上决定了住区出入口的形式和数量。

4.3.1.1 住区出入口人车分离设计

2000 年前，我国私人汽车拥有量较低，住区建设中多采用人车合流的交通体系，这与当时的社会经济发展水平是相适宜的。根据国家统计局 2002 年和 2012 年的统计数据（如表 4-4 所示），2000 年，全国民用汽车总量 1608.91 万辆，到 2011 年增加至 9356.32 万辆；而湖南省从 50.43 万辆增加至 258.22 万辆。

2000 年，全国私人汽车拥有总量 625.33 万辆，到 2011 年增加至 7326.79 万辆；而湖南省从 27.95 万辆增加至 212.89 万辆。

表 4-4　全国及湖南省民用汽车总量和私人汽车拥有量　（万辆）

年 份	全国民用汽车总量	湖南省民用汽车总量	全国私人汽车拥有总量	湖南省私人汽车拥有总量
2000	1608.91	50.43	625.33	27.95
2011	9356.32	258.22	7326.79	212.89

随着人民的生活水平不断提高，私人汽车渐渐成为家庭必需品。私人汽车拥有量还在不断上升，住区内人车混行、停车位占据活动空间的矛盾日益明显，同时，户均汽车拥有率、居民的职业构成也直接影响住区道路和出入口设计。以政府雇员和公司职员为居民主体的住区，居民上下班时间非常接近，汽车高峰流量最为集中；私人业主和自由职业者聚居的住区，高峰较为平缓或没有明显的高峰[103]；新建住区因业主根据个人需要自行购房，职业聚集现象并不明显。在旧房改造中，汽车高峰流量集中造成小区出入口堵塞的现象凸显。需要增设机动车出入口，以缓解交通压力。

住区出入口的设计主要考虑机动车的出入对行人、非机动车的影响。机动车和行人进行一定的分隔可以保证安全。图 4-8 所示为某住区的出入口，设置了双行车道和人行道，在入口端头设置了人行横道斑马线，形成平面上的人车分流，为人们出行提供了方便和安全。如果住区内部不允许进车，则设计地下车库，形成立体的人车分流。图 4-9 所示为另一住区的出入口，人车混行，无地下停车场，地面停车导致人车争路。

图 4-8　住区出入口人车分流

图 4-9　住区出入口人车混行

4.3.1.2 住区出入口识别

住区出入口是人们认识住区的起点，它是人们对住区的第一印象。醒目的标志能增加人们对整个住区的记忆和识别，同样可以帮助老年人、居民和来访者快速地确认场地，找到出入口。为了更容易进入场地或者因为场地比较大，通常需要设置多个出入口。如果提供了多个出入口，每一个出入口应该容易识别和区分。图 4-10 所示的醒目的牌楼，标志性极强。

通常主干道上的出入口容易识别和进入，位于次干道上的出入口则更加安全，但是不容易识别和进入。居住区出入口应该与道路交叉口保持一定的距离，并提供足够的视觉距离。住区内道路与城市道路相接时，其交角不宜小于 75°，当住区内坡度较大时，应设缓冲段与城市道路相接。图 4-11 所示为住区内道路与城市道路相接示意图。

图 4-10 场地的出入口标志

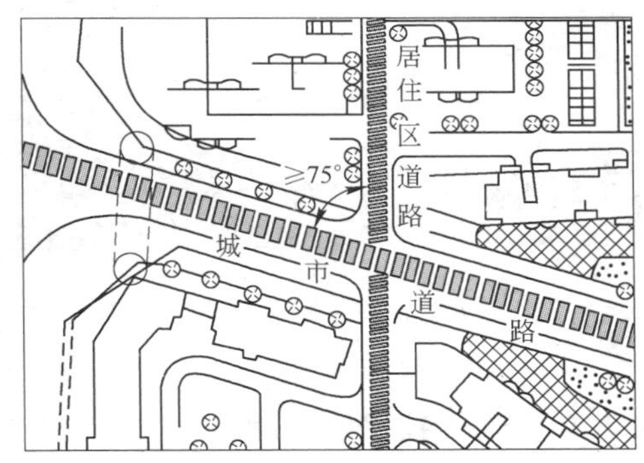

图 4-11 住区内道路与城市道路相接示意图

图 4-12 所示为住区居民开辟的住区出入口及道路，因为物业不认同，用一层护栏围堵，后被居民开洞（如图 4-13 所示），继续使用，物业再次用一层铁丝

图 4-12 居民自行开辟的住区出入口及道路

图 4-13 护栏开洞

网围护，继续被开洞（如图 4-14 所示），只为方便通行。可见出入口及道路的便捷非常重要，道路设计必须从人的心理和行为出发。

4.3.1.3　交往和休憩功能

在住区，人们最常做的事就是交往和休憩，和谐的邻里关系有赖于交往行为的发生，有邻里的和谐才有社会的和谐。住区出入口的设计，应该考虑到交往休憩空间的存在，在住区出入口，人们一般会寒暄打招呼交谈等，还会进行一些宣传和展示活动，图 4-15 所示为住区出入口的交往和休憩功能。

图 4-14　铁丝网开洞

图 4-15　住区出入口的交往和休憩功能

4.3.2　住区内道路网布置

4.3.2.1　车行道与人行道

1929 年，美国建筑师 C. 佩里[104]最先提出了邻里单位的规划思想，认为城市交通由于汽车的迅速发展给居住环境带来了严重干扰。机动车避免穿越邻里单元内部以保障居民的安全和环境的安宁是邻里理论的基础与出发点。1933 年，雷德朋[105]在住区规划方案中首先提出了人车分流的道路系统，由于步行系统的独立，减少了人车混行和汽车对环境的压力，较好地解决了私人汽车发达时代的人车矛盾，突出了环境意识和环境设计在居住形态中的重要作用，成为发达国家居住区交通系统设计的典范。

我国传统的城市道路系统一般由干道、街、巷、里弄以及更深入的院落小道组成。干道和街是城市交通性道路，人车密集，交通繁忙；巷和里弄则是生活性质的道路，车辆很少进入，是邻里交往的场所，生活气息浓厚，环境相对宁静。现代住区由城市主干道和次干道封闭成为一个相对闭合的区域，住区内部道路形成环线或尽端式布置，直接与住宅楼栋入口连接，可以说，汽车停在了家门口。这一方面减少了步行，另一方面也增加了危险系数。目前，私家车已经占据了家门口的主要地段，也占据了老年人和孩子的户外活动空间，人车混行成为住区交通设计的主流。

根据《城市居住区规划设计规范》（GB 50180—1993）第 8.0.2 款规定，居住区内道路可分为居住区道路、小区道路、组团道路和宅间小路四级，居住区道路分级及相关要求见表 4-5。居住区内部道路系统布局的基本模式如图 4-16 所示。

表 4-5　居住区道路分级

道路类型	路面宽度	建筑控制线之间的宽度	
居住区道路	红线宽度不宜小于 20m（红线宽度）		
小区道路	6～9m	不宜小于 14m（需敷设供热管线）	不宜小于 10m（无供热管线）
组团道路	3～5m	不宜小于 10m（采暖区）	不宜小于 8m（非采暖区）
宅间小路	不宜小于 2.5m		

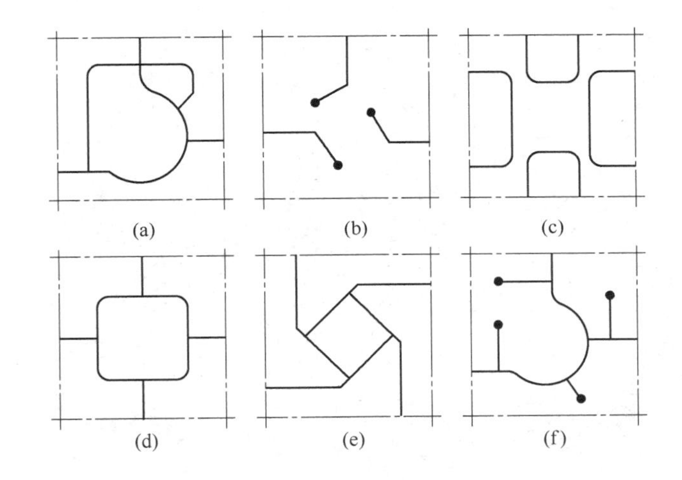

图 4-16　居住区内部道路系统布局的基本模式

（a）环通式；（b）尽端式；（c）半环式；（d）内环式；（e）风车式；（f）混合式

图 4-17 所示为某住区规划设计图，图 4-18 所示为其道路分析图。根据《城市居住区规划设计规范》（GB 50180—1993）的要求，地下停车率❶为 90%，地面停车率❷为 10%。因此在该规划设计中，地面交通设置为人车混行，住区内的环形车道为小区道路，连接各个组团及社区内外；组团道路连接小区道路和宅间

❶地下停车率：居住区内居民汽车的地下停车位数量与居民住户数的比率。

❷地面停车率：居住区内居民汽车的地面停车位数量与居民住户数的比率。

小路，尽端式道路由于具有私密性强且交通安全性高的特点，在该方案的住区道路规划设计中大量采用；宅间小路连接住宅楼，也是老年人散步休闲的地方。除连接住宅楼的宅间小路外，其他宅间小路设置蜿蜒通畅，机动车限制入内。

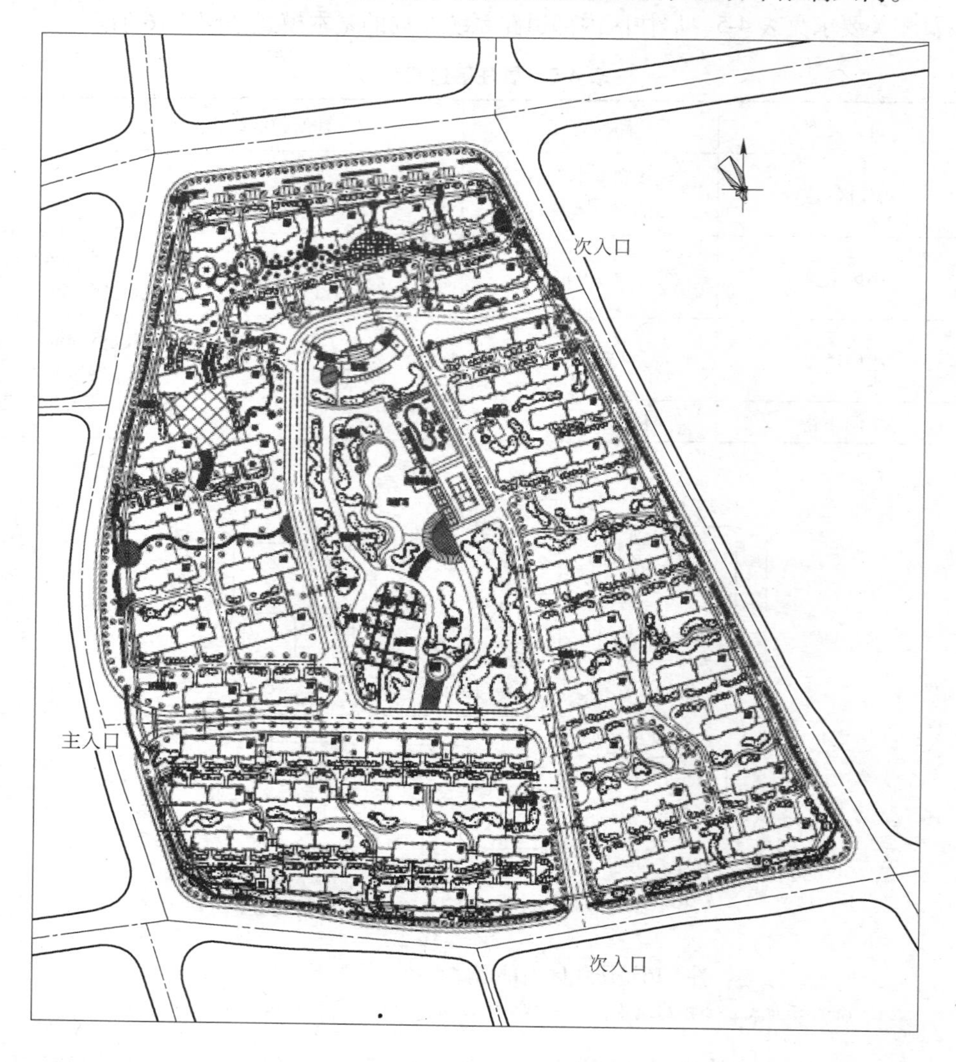

图 4-17　某住区规划设计图

4.3.2.2　纯步行道路系统

从社会学的角度看，步行是一种健康、休闲的生活方式，可以降低生活节奏，提高生活品位。湖南省的城市，山水相依，在发展演变过程中，形成了许多坡道、阶梯和小桥，规划设计时结合步行道路系统，适当地保留并加以利用，既可保护场所原有的特征，又能减少土方工程量。

图 4-18 某住区道路分析图

纯步行道路系统是居住区道路系统的有机组成部分，通过对道路专门化使用，步行道和车行道各自建立自己的专用道路网，既可以为汽车提供完善的道路和停车设施，又可以为居民提供安全、舒适的步行环境，尤其可对幼童和老年人的行走起到保护作用。

纯步行道路系统是住区内车行道路系统与人行道路系统分开设置的结构，形成独立的、连续的、具有完整意义的“人车分行”的道路系统，其功能包括交通、散步、休息以及少量的商业活动。

步行是老年人在住区内的主要空间转移方式，老年人的步行活动具有缓慢、敏感和随人流而动的特点，其视野范围受到一定的限制，对环境的细部感受强

烈。为了保证老年人能够顺利安全地到达其经常涉足的医疗保健站、便利店等，步行道路系统设计要与宅间小路连通，沿路能经过各公共活动场所，直达住宅楼。

适宜的步行距离是确立该系统是否合理的重要依据，基于交通的目的，合理步行距离与公共交通利用率密切相关。步行距离的确定应充分考虑幼童和老年人的体能承受力，步行时间不宜超过10min，间隔200m左右应设置中途休息场所。

步行道路系统的舒适程度直接影响居民的接受程度。图4-19所示为某住区内的纯步行道路系统。舒适性要求步行道路系统有枝繁叶茂的乔木作为行道树，要求地面坚固耐磨，要求带状空间与块状空间的有机结合，保证老年人在行走的同时还可以驻足欣赏周边环境。

图4-19 纯步行道路系统

步行道路的宽度应该足够两个人（或一个人）与一辆轮椅并排随行，建议最小宽度2.5m。

住区中引入纯步行道路系统，体现了对人的尊重，恢复了人在住区的主体地位，把传统的巷和里弄空间还给了居民。某住区为实践住区内的纯步行道路系统，规划所有机动车全部停入地下车库，地面道路系统全部留给行人。图4-20所示为该住区的地下车库入口，相距不到5m为该住区的大门（如图4-21所示），为了防止机动车入内，该住区的大门采用了台阶的形式，同时也适应了地形的变化。

4.3.2.3 人车混合的道路系统

目前居民的出行方式日趋多样化，以步行、自行车等非机动交通为主转向了步行、机动车、非机动交通并存的形式。尽管住区道路设计的依据是步行和非机动车交通，但是在现实生活中却是机动车为第一位，步行者的安全退为其次，道路交通问题引发的“人车之争”导致“人让车”的现象司空见惯。道路的“主体”变为机动车而并非数量众多的步行者。私家车日益增多，住区道

图 4-20 某人车分流住区的地下车库入口

图 4-21 某人车分流住区的大门

路显得狭窄、拥挤；社会服务性车辆频繁进入封闭住区，对住区道路提出了新的要求。

当住区无地下停车库，或虽有地下停车库但住宅楼未与之连通，造成不方便时，人们也会直接将车停在地面，形成“人车混合的道路系统”。

人车混合的道路系统设计不同于机动车道旁边的人行道设计，人行道仅通过对道路断面的宽度、高差、铺地材料等进行识别，使其符合交通流量和生活活动的不同要求。图 4-22 所示为车行道旁边的人行道。

图 4-22 车行道旁边的人行道

住区内部人车混合的道路，常常成为老年人和儿童活动的线性空间，同时又是机动车的行驶空间，静、动流线的交叉，往往可能导致安全事故。从安全事故发生的时段统计来看，下班交通高峰时段排位第一。这一时段，交通高峰期与少儿放学后室外活动、老年人看护幼儿的宅前活动以及居民的区

内购物活动重叠，这一时段也是一天中人的注意力和精力最差的时段，因而事故频发。

为避免人车混行住区内的交通事故，宅前、儿童较为集中的公共设施（如学校、游泳池等）的入口处、开放空间及其他的居民休闲场所的集散口应设置障碍，限制停车，如图4-23所示。行人活动的主要通道，应设置减速带，限制车速，如图4-24所示。

图4-23　人行道旁的停车障碍

图4-24　人车混合道路上的减速带

4.3.2.4　步行道路系统节点设计

步行道路系统的布局应是循环路线。理想的步行线路宜从建筑入口处开始，穿过邻近的活动场地，偶尔可以聚集一定的人群，增加老年人碰面的机会，通过循环道路，又能回到自己的家。也就是说，住宅楼、活动场地、沿路景观都属于步行道路系统的节点。

老年人的综合能力、反应能力较差，气候、视线和路线长度等很多因素都会影响到休息区的设置位置。在恶劣的气候条件下，为了避免其影响，步行道路沿线应该有所遮挡，如设置向外延伸的屋顶悬挑物，部分步行区设置顶盖等。图4-25所示为可避雨的步行廊道。步行道路路面应平坦、防滑、无反光，避免道路中形状不规则的材质和地面突起物，以免威胁到老年人的安全。图4-26所示为碎石地面的步行道路。

图4-27所示为住区内步行道路系统的间隔节点，其扩展面积，形成了块状空间，布置了石头坐凳，置于樟树下，为老年人步行中途休息、交谈、乘凉、看风景创造出了良好的外部条件。图4-28所示为住区内不同地面标高的处理，采用踏步消化高差，无栏杆，无坡道，童车靠抬，轮椅不能通过，老年人在此通过也比较危险，步行道路系统节点设计中应尽力避免此种做法。

图 4-25 可避雨的步行廊道

图 4-26 碎石地面的步行道路

图 4-27 住区内步行系统的间隔节点

图 4-28 住宅区内不同地面标高的处理

4.4 适老住区户外空间设计

4.4.1 户外空间分类

老年人的个人能力和偏好有很大的差别，户外空间应尽可能地提供不同类型的、多样化的活动空间满足老年人不同的兴趣和爱好，为老年人社交活动提供机会。从室内到室外，可以把户外活动空间分为过渡空间、活动空间、观赏空间、劳作空间和安抚空间[106]。通常在各类空间的边缘，或是两种不同功能空间的交汇处应设置就座区，既鼓励老年人参与到各种不同的活动中，又能和其他区域的居民聚集。足够的户外空间既能提供活动的区域，又能作为就座和观看的社交活动空间。

4.4.1.1 过渡空间

在主要的室内空间和户外空间之间的入口过渡空间应该是可利用的，通过该空间能够方便直接地到达室内和户外场地，有条件还可以在过渡空间设置座椅或观景平台。

图 4-29 所示为典型的室内外过渡空间。过渡空间提升了对户外场地的利用。处于两种不同类型场地之间的过渡空间为活动参与者提供了舒适、安全的心理缓冲空间，客观上也是物理环境的缓冲空间，当室内外温差较大时，也可以帮助老年人适应气温变化。

图 4-29 室内外过渡空间

4.4.1.2 活动空间

老年人日常生活中可能发生的户外行为很多，有定期活动，如购物、接送幼童、户外跳舞、锻炼等，还有不定期活动，如朋友偶聚交谈、观望新奇景色等[107]。住区规划的任务之一是为老年人提供良好的活动场地和完善的户外活动设施。

户外公共活动空间可以是一个独立的区域，也可设在社区中心附近。户外活动空间的地点和路径既要考虑老年人的可达性，又要注意和车行路线保持适当的隔离，避开车辆。

户外活动空间宜动静分区，动态和静态活动空间应该保持联系，可互望，又相对独立。图 4-30 所示为户外活动空间动静分区及联系。图 4-30（a）所示为外围设置成静态区，静态活动区可利用大树遮阴、户外遮顶、廊道等形成坐息空间，老年人可在此观望、聊天、下棋、晒太阳及进行其他娱乐活动。动态活动区与静态活动区保持适当距离，以免动态活动区干扰静态活动区。图 4-30（b）所示为动态区和静态区相交，相较于图 4-30（a），区别在于静态和动态活动空间之间有一缓冲带，这一空间往往是老年人最为活跃的地方。

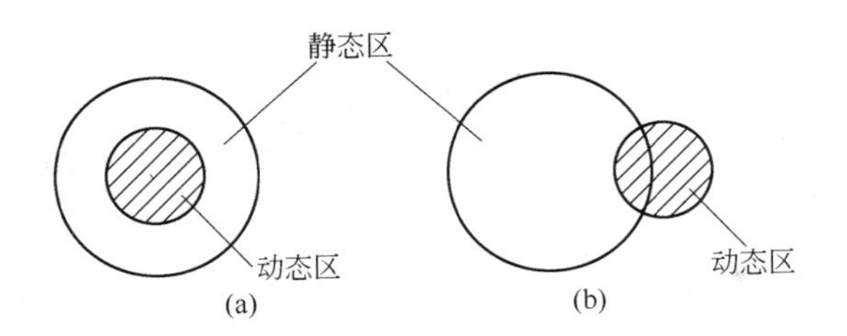

图 4-30 户外活动空间动静分区及联系

A 户外活动社交空间

户外活动空间应考虑老年人需求的多样性，创造适合提供多种活动的场所，以吸引各种爱好的老年人前往，促进交流，提高公共空间利用率。以养身健体为特征的活动，常见的有跑步、做操、跳舞等，需要有硬质地面的空间，且地面必须平坦防滑。

图 4-31 所示为某住区内的户外健身空间，硬质铺地，常有晨练和夜晚跳广场舞的老年人群体在此活动，场地外围提供了绿荫和坐处，利于老年人活动后休息。

住区内户外活动空间的细部设计如果能做到丰富、精致，则能增强视觉的变化和刺激，吸引人们驻足观看。常用的手法是设置喷泉、水池、花架、雕塑等。图 4-32 所示为某住区内的喷水池，重大节日可用喷泉渲染气氛。

图 4-31 某住区内的户外健身空间

图 4-32 某住区内的喷水池

一些研究认为，老年人比年轻人更偏爱非正式的、安全的、确定的、细致的空间。老年人的活动能力决定了其日常的主要活动范围通常为以其住宅为圆心的辐射 500m 范围以内。坐落在居民单元附近的小型游园是最易到达和控制的，其明显从属于一栋建筑、一组单元或单个住户，小面积绿地的利用率也最高，给人领域感和控制感。因此，住宅楼附近的小型游园是活动内容最丰富、也是最受欢

迎的场地，如图 4-33 所示。

组团半公共空间（如图 4-34 所示）是小型社交活动的中心，也是老年人最常发生邻里交往、互相帮助、进行户外活动的半公共空间。组团半公共空间要避免车辆的穿越，其位置应选择在住宅楼附近，且从室内易于看到和通达，能鼓励非正式的交往使用。在空间的分配上既要突出公共性又要注重亲切、安宁的环境营造。

图 4-33　某住区小型游园

图 4-34　组团半公共空间

在住宅楼间的组团绿地中可设置 200m^2 左右的硬质铺地，方便老年人进行小范围的健身活动，同时可满足老年人社交的需要。

多样性的空间变化可以满足更多人的偏好。住区内的小花园可以使人们有丰富的视觉和感官体验。随季节变化呈不同色彩和形式的树叶花果，以及听觉、嗅觉和触觉方面的不同元素，都可以增加人们体验的乐趣和刺激性。在小花园中，开敞或隐蔽的就座区有助于舒适和休憩环境的营造。铺砌的小路贯穿园中，可以鼓励人们步行锻炼。特别是对行动不便的老年人来说，更喜欢距离住宅较近的小花园。两栋住宅的山墙之间，是自然风速最大的地方，夏天常有老年人集聚交谈，山墙之间的绿地如图 4-35 所示。

植物能释放大量负氧离子，能净化空气，调节气温，吸尘防噪，有利于老年心脏病、高血压、神经衰弱的健康恢复。因此为老年人设计的户外活动空间应坚持以植物和硬地为主，乔木所形成的稀树林受到老年人和孩子的喜爱，每一组团宜种植不少于 500m^2 的稀树林。湖南省由于夏季阳光暴晒，不宜布置大面积的草坪，而需要草坪与乔木混合种植。单纯的大面积的草坪，利用率不高，仅能形成景观效果。灌木可以作为区域界定的边界，但也不能过于密集，否则将大量占用人们的活动空间。

B　户外商业社交空间

“市井”往往被认为是一个世俗商业和粗疏无序的代名词，但它反映着人们

图 4-35　山墙之间的绿地

真实的日常生活和心态。传统的农贸市场、街市和圩集空间，构成人们传统交易和日常生活的核心。在那些传统街市，人们的交易常常伴随着人与人的沟通与交往，人与人的情感也日益密切，相互帮助便成为了可能。传统的交易空间在现代城市中越来越被边缘化，那些新兴的集“购物、休闲、娱乐和旅游”为一体的大型购物空间日益成为人们日常消费和休闲的主要场所，那些富有东方烟火气息的“市井”空间正在慢慢消失[108]。现代居住小区也因为失去市井生活所沿袭的人与人交往的场所和传统而变得冷漠。

城市是被市民使用的，某种程度上说，发生在街道上的各种活动，例如买卖、摆摊、歌舞等都是对城市的自由正当使用，是市民权利的一部分。历史上，无数城市的繁荣和发展证明了市民参与与城市活力的紧密联系。在市民社会发达的古希腊，国家力量较为松散，市民的参与和宜人的尺度造就了大量优美而可持续的城市。公共浴室、庙宇和运动场成为交流与辩论的场所，城市生机勃勃[109]。

现代住区同样需要户外商业社交空间，不仅方便购物，更重要的是为社交创造机会。小型的商业活动位于人行道（如图 4-36 所示）或路口处（如图 4-37 所示）。伴随个体经营活动，住区显得热闹和富有人气，演绎的是实实在在的生活。规划中宜将小区级绿地以游园的形式与商业服务协调布置，形成公共活动场所[110]。小型商业交易活动中，人的滞留给交通带来了不便，因此在规划设计时，应在人流汇集或流通处留出足够的小型商业空间，创造更多的、更适合人们进行户外商业活动的理想场所，这也可以提高城市的活力。这样的场所，也是老年人喜欢逗留的地方。

4.4.1.3　观赏空间

部分老年人出于心理或习惯的原因，喜欢同趣味相投的三五个老年人一起活动，这就需要小群体活动场地。小群体活动场地宜安排在地势平坦的地方。舒适

图 4-36　人行道上的商业活动

图 4-37　路口处的商业活动

的就座环境可以帮助人们更方便地交谈。老年人喜欢在热闹、安全、宽敞、易到达、易聚集的场所进行交谈，在可以得到信息的地方逗留。观赏交谈空间配置的“坐凳”可以因地制宜，应考虑的重要因素是方便和安全。路边的台阶、护栏也可以成为老年人喜欢的交谈观赏“坐凳”，如图 4-38 所示的护栏。

建筑物的出入口、步行道的交汇处不仅是户外商业社交的场所，同时也是老年人喜欢集聚的地方，如图 4-39 所示。这些观赏交谈场所不是设计的，但几把座椅表达了人们就是喜欢坐在这里。这些场所的使用频率会因年龄和性别的不同而不同。

由于身体的原因，一些老年人已经不适合进行户外健身活动，但这并不妨碍他们享受自然，他们依然期望能看到热闹的场景，即使什么也不干，沉默观望，老年

图 4-38 护栏作为交谈“坐凳”

图 4-39 自备的交谈座椅

人的心情也是愉快的。茶余饭后的休闲时间到室外晒晒太阳，呼吸新鲜空气，感受季节的变化，感受周边的人气是许多老年人使用户外观赏空间的一个很重要的原因。住区户外观赏空间设计时应考虑为老年人提供一个轻松、惬意的户外观赏环境，观赏也是他们积极参与活动的一种方式。因此，为老年人提供良好的坐息空间是非常重要的。在这个空间，老年人以视听来感受他人，欣赏优美景色。坐息空间一般设置在大树下、公共建筑廊檐下、建筑物出入口附近等，应具有良好的通风、充足的阳光。坐息空间的背面宜有一定分隔意义的界面（如植物、自然地形、建筑物等）以形成边界效应。外界的视点如果能面对生动的视景则更佳。

图 4-40 所示为乔木形成的坐息空间。乔木形成的坐息空间能够使老年人感到安全和宁静，产生一种归属感和领域感。植物可以提供一段时间的遮掩，也可以结合栅栏等材料形成景观遮盖，获得更有效的、持续的遮盖效果。植物旁的空余空间，对于使用代步工具的老年人显得非常重要，可以方便他们放置轮椅。

图 4-40 乔木形成坐息空间

户外观赏交谈空间不仅存在于社区广场、中心绿地等户外活动场所中，在自家庭院、组团绿地空间更是频繁使用。从家庭核心生活圈到邻里周边活动圈，老年人的活动范围逐步扩大，相应的空间形态和尺度也随之变化。因此，除提供大尺度的公共社交聊天的场所外，住区中还需要提供有利于私密性交往的小尺度空间[111]。

4.4.1.4　安抚空间

巴克创造了“行为空间”一词[112]，他认为对于任何一个场所来说，都可以根据其中与每一空间的具体特征密切相关的、有规律的行为，分割成若干空间区，这就是我们所说的次空间。次空间的创造有助于维护使用者对私密性的要求。安抚空间属于社交空间的次空间之一，老年人尤为喜欢。

宠物走进家庭，走进老年人的生活，给他们带来了无穷乐趣。伴侣动物能给主人一种特别的、多层面的依恋，老年人从中得到安全感、被关心感、被需要感等，从而缓解了压力以及生活变化所带来的负面影响。老年人和宠物户外共同活动的空间，称为户外安抚空间，也称宠物陪伴空间。

宠物活动需要一定的区域，同样需要抗干扰，需要限定边界，尤其防止幼童入内造成伤害。草坪、稀树林、相对僻静的位置，是老年人和宠物共同嬉戏的场所。图4-41所示为户外安抚空间，可与避难空间结合设计。

图4-41　户外安抚空间

4.4.1.5　劳作空间

要消除老年人心理上的失落感，让他们肯定自身的价值，应让他们参与到社会服务中去。体现在户外空间设计上，可留出劳作空间（有条件的社区可创建社区花园）。老年人大多喜爱养花种草，红花绿草不仅给老年人带来美的享受、生命的活力，而且老年人通过自己的劳动可以锻炼身体，获得拥有劳动成果的自我满足感[111]。园艺场所应靠近老年人住所，或位于老年人经常使用的地方，也可设置观赏花草的坐息桌椅。在社区或村落附近，开辟适当的劳作空间，将是不错的选择，如图4-42所示。有些老年人喜欢亲自动手从事自己的种植活动，农家劳作给他们带来希望和喜悦。

图4-42　劳作空间

4.4.2　户外空间无障碍设计

户外空间无障碍设计包括对空间的可识别性设计、可参与性设计和安全性设计。

4.4.2.1　可识别性设计

老年人频频走失，与城市建设快速变化、住宅组团可识别性不明显密切有关。凯文·林奇在《城市意象》中将人们对城市的印象概括为五个方面：路径、区域、边界、节点和标志[94]。老年人对自己生活的住区的认识也是从这五个方面开始的。

住区环境应有一定的可控性，便于老年人随时可根据自己的需要和爱好重新安排空间的使用模式。有细部和有边界限定的空间最有助于老年人对空间的识别控制。立面变化可增强识别性。老年人的记忆力减退，方向辨识能力也有所下降，楼栋、住宅的门牌号常记忆不清。而相同的住宅立面，相同的道路景观，更容易让老年人迷失方向。如图4-43所示，相似的住宅外立面和宅前道路，导致老年人可能因此分不清哪是自己的家。

识别自家环境，亦从“意象”开始。户外空间的安排和设计应该方便定位和寻路，缺乏标志性往往让老年人无法判别方位，给其户外活动行为带来一定的障碍。因此，在户外空间设计上应注意提供视觉、听觉、触觉，甚至嗅觉上的刺激，让老年人有充足的感官体验来增强方位感。

从使用功能角度分析，适老住区的环境空间中最需要优化的是标志系统。老年人感官功能的退化，使其对标志的依赖性增强，标志系统在住区里就显得尤为重要。首先，在可能的情况下避免建筑形态过多地重复，通过建筑空间的变化提高空

图 4-43　相似的住宅外立面

间识别性。色彩的巧妙运用也能达到提高空间识别性的目的，在建筑形态不变的情况下，色彩可以给人明确的空间提示。例如，芬兰赫尔辛基维基实验区对不同建筑组团采取风格差距较大的建筑形式，同时建筑在色彩上也有较大的差异，这能极大地提高住区的空间识别性，图 4-44 所示为维基实验区规划图。其次，保证标志信息的有效传达，不同级别的标志应满足不同层次的认知需求，并形成完整的体系。最后，夜间照明系统的设置也可以有效提高夜间标志系统的识别性。

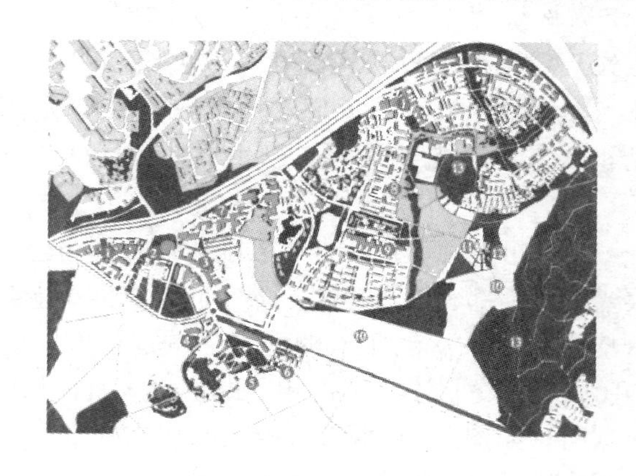

图 4-44　维基实验区规划图❶

设置清晰醒目、简单易懂的标志与导向系统，对保障老年人出行安全起着重要的作用。利用不同植物种类、不同植物造型装扮住区道路景观，是加强住区道路方向性和分辨力的手段之一。节点通常是可识别性设计的焦点，村头的一棵老树，住区内的一组雕塑，均具备极强的可识别性，如图 4-45 所示。

❶图片来源：http：//design. cila. cn/news2621. html。

图 4-45 具备标志性的雕塑

4.4.2.2 可参与性设计

由于生理上的衰退，在户外空间中正常人可以使用的东西，有可能成为老年人的障碍和危险发生的潜在原因。

因害怕孤立无援，老年人希望所处的空间环境安适、压力小，身心可以放松。由于老年人文化素质、年龄、爱好等方面因素的差异，对活动的需求也有所不同，必须综合考虑，设置丰富多样、适合不同层次老年人的活动内容。与此同时，锻炼与康复是许多老年人关注的问题，老年人活动的户外空间一般应设计为相对开阔的场地，设置一些适宜的体育健身设备，供老年人使用。

老年人愿意走到户外的一个重要原因是他们可以进行交流，消除孤独感和失落感，宣泄心中的抑郁感受。因此在具体的户外空间设计上可营造一些便于交谈的静态活动区、半私密坐息空间以便老年人相聚聊天，可用充满生机活力的绿色植物界定边界。

图 4-46 住宅的尺度

老年人通常会将自己置于一些日常的常规事务中，同时，他们常会保持固定的作息时间、散步路线及饮食结构等，而这些习惯有利于维持其日常活动。可参与的空间场所，对大部分老年人来说都是有吸引力的。

柯布西耶精辟论述：“一种尺度即代表一个时代，它是精神的标尺，尺度与它所在的时代相对应。[112]” 住区的户外空间应具备宜人尺度，能给人以亲切平和之感，能使人感知气候的变化，感知生命与大自然的活力。低层住宅、窄小街道更适宜老年人生活。图 4-46 所示的高层住宅，人们与之相

比，显得矮小，有种压抑感。

4.4.2.3 安全性设计

健康的老年人大多喜爱散步和一些活动量小的娱乐活动，住区内纯步行道路系统结合块状硬质空间可提供这些活动的空间。因步行道路与车行道完全分开，可以避免交通事故的发生。步行道路坡度应控制在2%～8%之间。应设置全方位小区监控，保安随时巡视，确保老年人户外活动的安全。

根据老年人的活动能力和活动范围，户外活动空间的区域一般应限定在住区内部，不宜有过境车辆通过，以保证老年人的安全。户外活动空间的边界通常采用道路、房屋和围墙。

4.5 适老住区住宅优化设计

4.5.1 老年人居住组团

老年人普遍留恋过去，除非迫不得已，不会离开自己曾经长期生活过的地方。因此，目前普通住宅楼仍是养老居住环境的主体[113]。老年人希望在自己熟悉的小区和住宅中经常与自己的老朋友、老同事保持接触和联系，与子女多见面。总之，原址养老是老年人最大的愿望，同时他们还希望拥有自己的独立的生活空间。

4.5.1.1 老年人住宅集中设置

老年人住宅及其配套设施都集中设置在独立的组团内，并在地理位置上与其他组团完全独立存在。规模较小的住区，可以在邻近的几个住区附近联合设置一老年人居住组团，其用地、管理和产权等方面都相对独立。老年人住宅集中设置，如同在住区内设置的养老机构。然而，3万～5万人的居住区，老年人的平均人数将达到5000～8000人，而《城市居住区规划设计规范》（GB 50180—1993）要求“宜设置150～300张床位”的养老机构。可见，绝大部分老年人没有机会居住到专门为老年人设计的住宅中，这为数不多的养老床位可留给失能失智的老年人使用，以减轻其家庭的负担。

4.5.1.2 老年人住宅低层设置

老年人住宅的另一种是部分老年人住宅与其他普通住宅混合布置，分散到其他普通组团中，老年人住宅与其他住宅有一定的重合区域，老年人住宅设置在住宅楼的首层。这样的模式一方面可以方便老年人随意出入，另一方面，有利于老年人与子女家庭在一个住区内，更亲近。

城镇职工退休后，如果不是投靠子女，又没有能力改善住房条件，则仍居住在原有的单位分配用房内，形成独居或是空巢老人。而房改政策之前的建筑，结构老化、设施陈旧，没有成套的设备，甚至厨房、卫生间与邻居合用，更谈不上为老年人特殊需求考虑的相关设施。农村老年人的居住条件则更差。新开发的楼盘主要针对年轻的消费人群，很少顾及老年人的利益，并不关心其对老年人需求的设计，这些都是我们在适老住区住宅设计中需要改进的方面。

4.5.2 老年人住宅户型

我国目前以家庭养老为主，依附型住宅单元设计仍是主流；但也有不少不愿与子女同住的，邻里型住宅单元正越来越受欢迎；还有一部分子女在异地成家而无法照顾老人的，或者无子女的老年人，老年人公寓是解决他们养老困难的方式。因此，在住宅建设规划总量中依据不同需要，在新开发的居住区内设立不同形式、规模的住宅单元，并邻近配置一定规模的老年人服务中心，使整个小区配套齐全。将老年人日托设施与老年人活动室、护理设施相结合是比较可行的方式。这种方式既可以解决老年人的交往问题，也可为子女工作繁忙、自己行动轻度不便或需要护理的老年人提供日间托管。

老年人住宅的建设发展，应切实从我国老年人的养老需要出发，在尊重我国的传统文化和家庭习俗的前提下，提供多种类型的老年人住房，使不同收入、不同阶层的老年人家庭都能根据家庭的实际情况来选择理想的居住环境。

在适应老龄化的社区规划中，住宅户型设计上应力求简化，降低经济成本，使大部分老年人住得起，基本满足生活需求。

住宅的适应性是指住宅的居住空间能够满足人们不断变化的多样性、多层次需求。提高住宅户型对不断变化的家庭结构的应变能力，以应对随着社会发展而不断变化的户型需求。能适应户型变化的住宅与一般住宅不同，各户型之间不是绝对的分离而是存在一定的联通关系，可以归纳为偶居户型、独居户型、依附型户型和邻里型户型四种。

4.5.2.1 偶居户型

空巢老人适合两室一厅户型或三室两厅户型，称为偶居户型，可满足一对老年人共同生活。随着子女成家独立生活，这将是适合空巢老人生活的主要户型。三室两厅户型的套型面积较大，方便子女探望或保姆同住。面积较小时，一般 $50\sim60m^2$ 左右合适。图 4-47 所示为一典型偶居户型，其中无障碍卧室与起居室有一定的空间距离，避免相互产生干扰。由于该户型面积较小，套房内可只设一个卫生间。

4.5.2.2 独居户型

失去伴侣的老年人，当经济条件不足时，可以选择独居户型，如图 4-48 所示。不同于养老机构，在独居户型中因非集体生活，可以顺从老年人原来的生活习惯不变。独居户型由于面积小，租金便宜，能得到生活在底层社会的老年人的认可。独居户型设计为一室户型或一室一厅户型，户型面积较小。一室户型内必

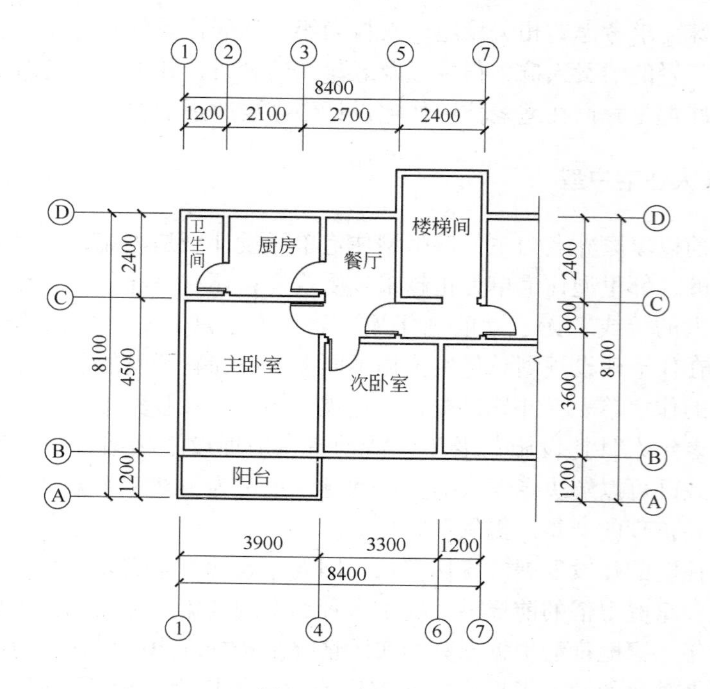

图 4-47 偶居户型

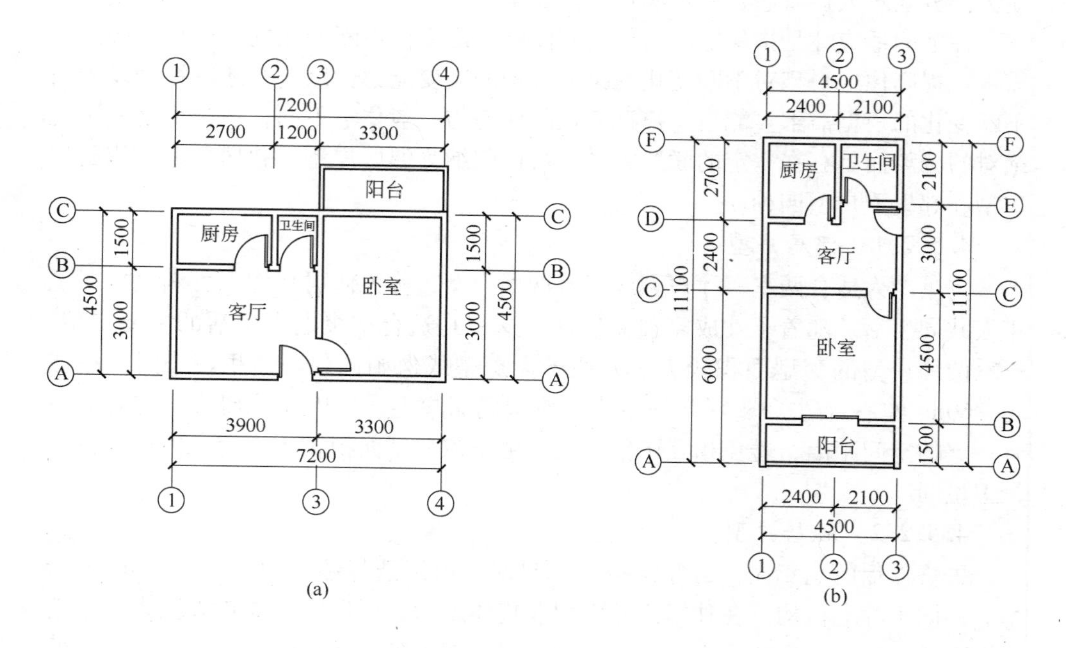

图 4-48 独居户型

（a）一室户型；（b）一室一厅户型

须包括卫生间、卧室；一室一厅户型则是一个综合性的居住空间，除卫生间、卧室外，还包括起居室、厨房等空间。

4.5.2.3 依附型户型

老年人与成年子女在共用的居家空间内生活时，多数老年人拥有自己独立的卧室，一般处于次卧室的位置，通常面积是10～15m²，且室内布置也较为简单，也不会单独带卫生间，很难得到最好的朝向。这也反映出老年人在家庭里处于次要地位。图4-49所示为一典型的依附型户型，主卧室带独立卫生间，其他人使用次要卫生间。老年人仅有一间卧室是独立的。老年人行动缓慢，当与他人合用卫生间时，给家庭生活带来诸多不便，这很大程度上是由于设计未考虑老年人的使用要求。但由于能得到子女亲情的慰抚，依附型户型也是老年人喜欢的。

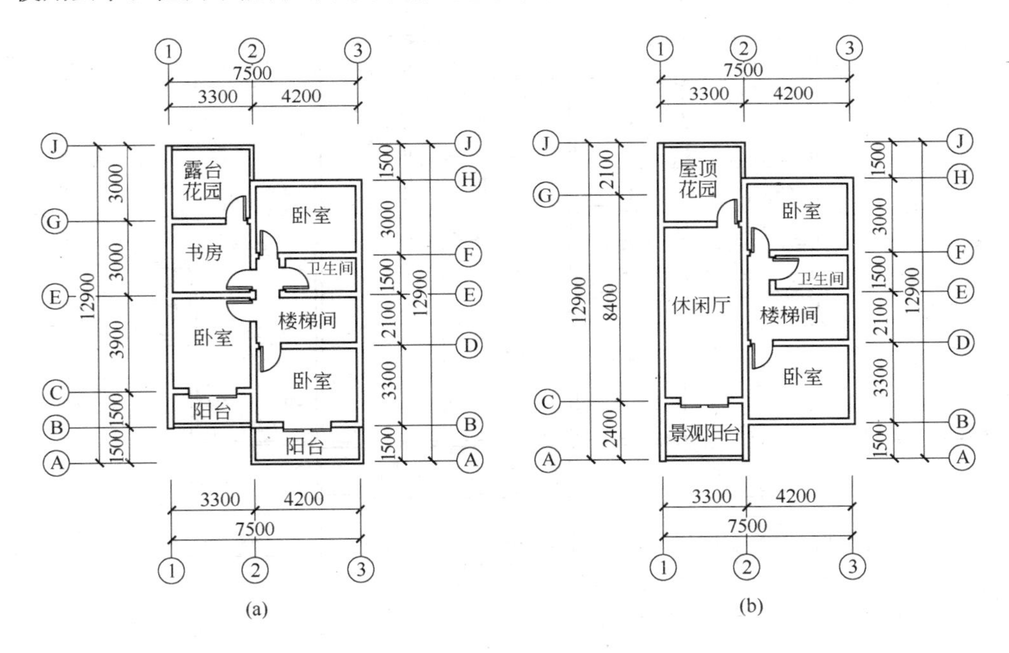

图4-49 依附性户型
(a) 二层户型；(b) 三层户型

4.5.2.4 邻里型户型

邻里型户型由同一栋住宅楼内同楼层相邻的两个居住户型组成，这种居住形式既有利于两代人生活完全独立，又有利于两代人生活上的互相照料和感情上的交流。两个居住户型共用一堵墙，中间可联系亦可分开。老年人家庭和年轻人家庭高度独立，在各自独立完整的空间内生活，互不干扰，住得近，分得开，叫得应，常来住。邻里型户型住宅既保留我国传统的家庭组合模式，又符合现代居住潮流，适应现代人需求，为独生子女家庭赡养老人提供了方便条

件。这种住宅模式是最为理想的住宅模式，在商品房自由买卖的前提下，也是可以实现的。

图 4-50 所示为邻里型户型方案。该户型解决了年轻人对老年人的照顾问题，使年轻人和老年人既住在一起，又能各自独立生活，除共用一客厅（起居室）外，年轻人夫妇家庭和老年人夫妇家庭完全是独立的。老年人拥有带独立卫生间（主卫 2）的主卧室（主卧室 2），当老年人行动不便、洗浴需要助理时，可将次卫 2 和主卫 2 之间的墙体拆除，形成较大的卫生间，为帮助老年人洗浴赢得空间。

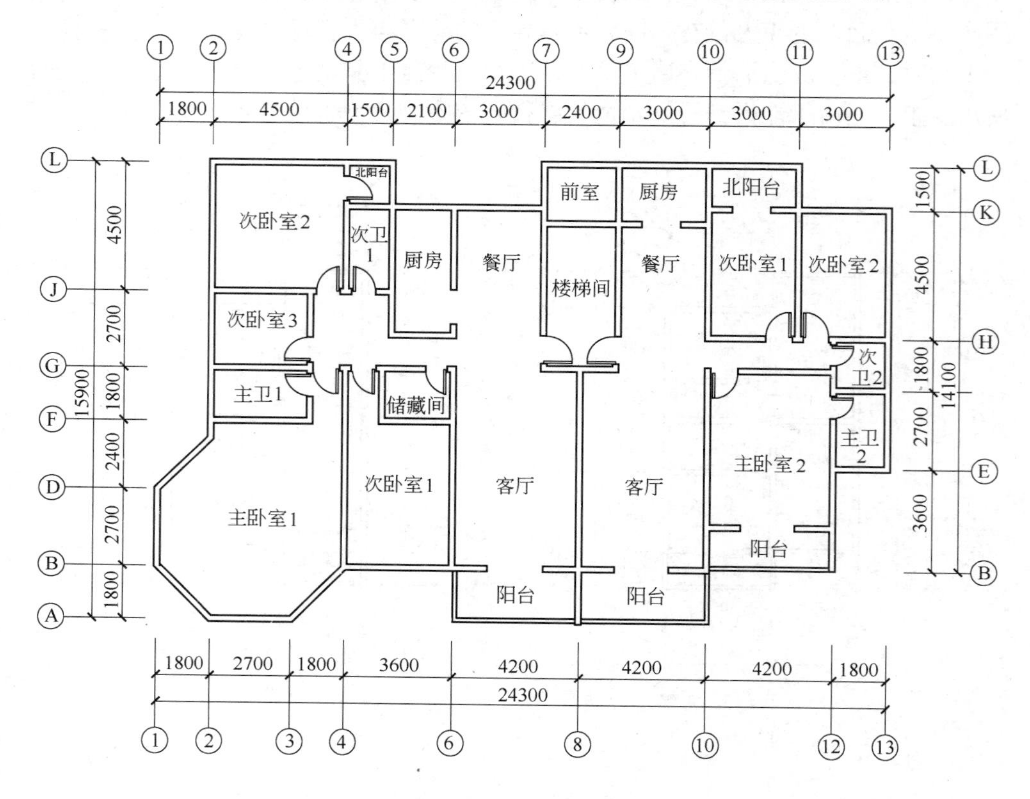

图 4-50　邻里型户型

即使老年人和成年子女不可能形成邻里型户型，居住在一个单元或一个住宅小区内，也是比较理想的。

4.5.2.5　户型变换

60～80 岁的大部分老年人，生活尚能自理，而到 80 岁以上，则大部分需要帮助了。这期间约有 20 年时间，生理变化是一渐进的过程，适老住区住宅应进行潜伏设计，便于进行增添设备、设施等的改造工程，及时为老年人提供帮助，延缓老年人衰老过程。

户型变换是潜伏设计的一种方法。当老年人行走需要搀扶、洗浴需要助理时，卧室、卫生间的面积都需要加大，而此时的老年人已经不能独立使用厨房了，厨房的功能可以取消。于是采用户型变换的方法，可将两个独居户型变换成为一个户型，通过对这些房间的简单改造即可使两个独居户型中的房间相联通。用这种方式可以使得住宅从设计、使用到改造的过程中保持户型数量不变，户型大小和种类发生变化，从而满足不同的需要。图 4-51 所示为由独居户型变换成的介护户型。

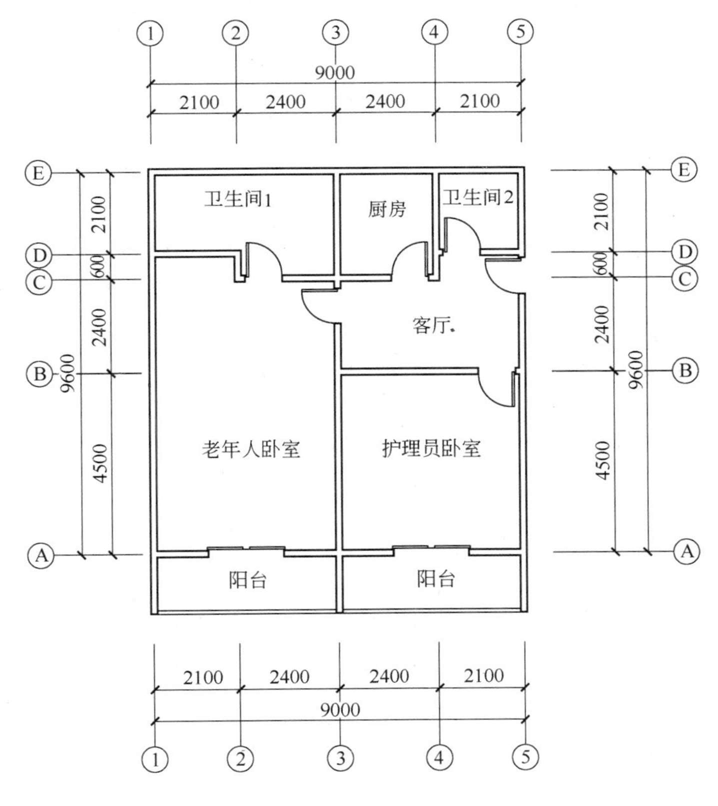

图 4-51　介护户型

同理，将 2～3 个独居户型或偶居户型组成一组，组内每个独居户型都拥有独立的出入口和管道设施，在同组的独居户型相互之间的分隔墙中设置门洞，通过把门洞打开或者关闭的简单改建措施，可以实现户型大小、种类以及数量的变化。

4.5.3　老年人住宅单元出入口

4.5.3.1　理想出入口

建筑物单元的门庭由两个功能区域组成：一是为进入和离开建筑物连接出入

口道路；二是为老年人聚集交流提供场所。

在社区和单元建筑物的主出入口处经常有比较多的活动，这个区域必须为行人集散、货物装卸提供足够的空间。门庭应该能够最大程度抵御天气的影响，例如抵御冷风、高温和强光。防雨棚或者顶盖从安全和舒适的角度来说是必备的。同时，建筑物的出入口应该很容易被发现。当这个区域有台阶时，宜设置斜坡，方便轮椅出入。建筑物出入口道路边上的支柱和其他的垂直构件（如栏杆）可以为那些脚步不稳的人提供保护和帮助。图 4-52 所示为《城市道路和建筑物无障碍设计规范》（JGJ 50—2001）中规定的出入口处的无障碍设计坡道。

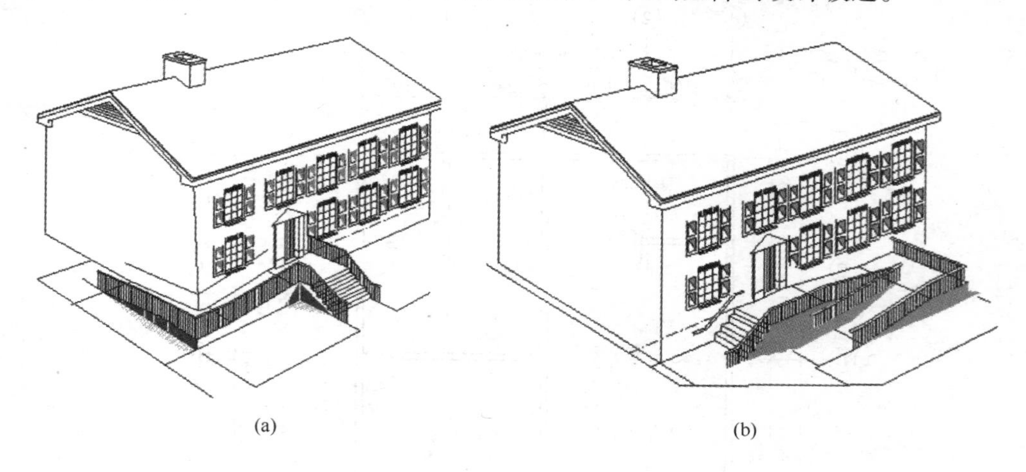

(a) (b)

图 4-52　出入口处的无障碍设计坡道

（a）直角形坡道；（b）折返形坡道

按照《城市道路和建筑物无障碍设计规范》（JGJ 50—2001），供轮椅通行的坡道应设计成直线形、直角形或折返形，不宜设计成弧形。在不同坡度的情况下，坡道宽度、高度和水平长度应符合表 4-6 和图 4-53 的规定。

表 4-6　坡道坡度和最小宽度

坡道位置	最大坡度	最小宽度/m
有台阶的建筑入口	1∶12	≥1.20
只设坡道的建筑入口	1∶20	≥1.50
室内走道	1∶12	≥1.00
室外通路	1∶20	≥1.50
困难地段	1∶10 ~ 1∶8	≥1.20

4.5.3.2　实际出入口

在实际的住宅楼中，很少有在出入口处设计无障碍设施的。常规的做法是设

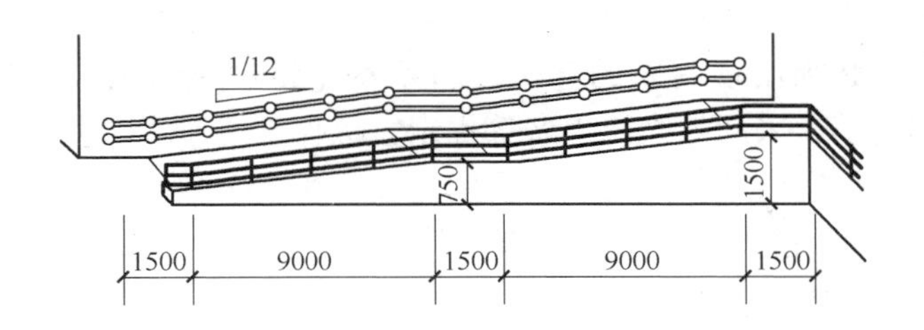

图 4-53 坡度 1∶12 的坡道的高度和水平长度

置门禁和踏步，如图 4-54 所示，这样的做法轮椅很难通过。也有少量住宅楼出入口设置无障碍坡道，如图 4-55 所示，但门禁的设置同样阻碍轮椅的自由出入。

图 4-54 大部分住宅楼出入口现状

图 4-55 带无障碍坡道的住宅楼出入口

4.5.4 适老住区住宅室内无障碍设计

适老住区住宅室内无障碍设计，宜根据老年人的经济能力和生活自理能力进行。应考虑老年人的起居、日常事务、个人爱好习惯、社会接触及文娱体育活动等方面，尽可能地保持他们早先生活方式的连续性以及尽可能长地维持其独立生活能力。

适老住区住宅内部宜交通通畅，实现从室外到达室内整个连续空间的无障碍化。老年人与残障人士不同，其轮椅使用需要他人帮助，所以，除起居室外，其他居室是不需要使用轮椅的，也就不需要在空间上满足轮椅通行的需求。老年人在室内一般是搀扶墙壁而行（十分孱弱的老年人），因而墙壁需要进行无障碍处

理，例如设置扶手，且保持连贯；室内各部分之间采取统一高差，对阳台、卫生间、入户花园等必须出现高差的部位，高差不能超过30mm，且不宜使用坡道，必须加固上部扶手，采用灯光、声音等提示，以保证安全[114]。

此外，应实现室内的双向疏散，目的是在老年人于室内发生意外时，救援人员可以由两个方向到达老年人所在位置[115]。

4.5.4.1 入户门及门厅

入户门是老年人联系外界的重要场所。老年人听觉渐渐丧失，影响社交生活，因此除让老年人佩戴适宜的助听器外，还可以使用附加闪光的门铃，让老年人知道家中有访客到来。

入户门需要保证轮椅出入，依据《城市道路和建筑物无障碍设计规范》（JGJ 50—2001）的规定，门的净宽见表4-7。入户门绝大部分是平开门，所以其净宽≥0.8m，在门把手的一侧，应留出距墙面不小于0.5m的宽度，如图4-56所示。

表4-7 门的净宽 （m）

类 别	净 宽	类 别	净 宽
自动门	≥1.00	平开门	≥0.80
推拉门、折叠门	≥0.80	弹簧门（小力度）	≥0.80

起居室内应设更衣、换鞋空间，并设置坐凳、扶手。供轮椅使用者出入的门，距地面0.15～0.35m处宜安装防撞板。采用平开门时，门上宜设置探视窗，并采用杆式把手，安装高度距地面0.80～0.85m。图4-57所示为无障碍入户门的把手和防撞板。入户门内外不宜有高差，若有门槛时，其高度应不大于20mm，并设坡道。

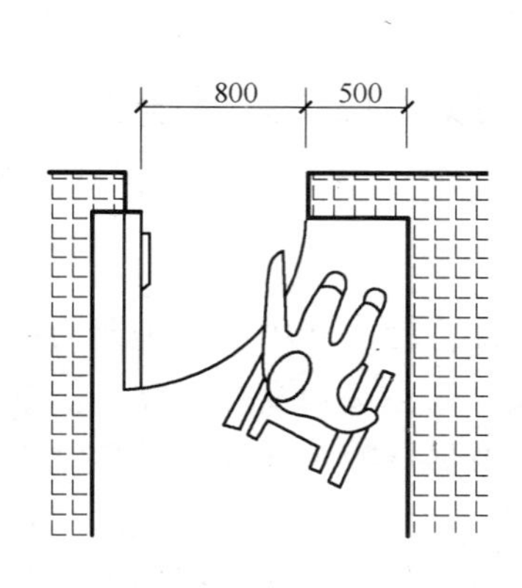

图4-56 无障碍入户门的净宽

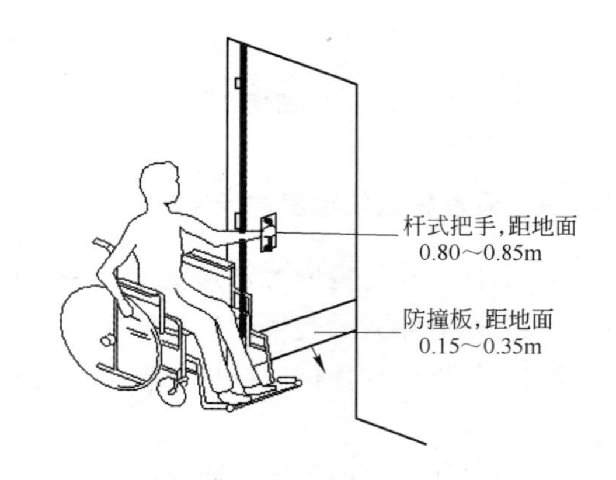

图4-57 无障碍入户门的把手和防撞板

实际上由于防盗门框的影响，入户门均会有门槛（如图4-58所示），这就要求轮椅在设计中有所改进。

4.5.4.2 起居室和阳台

图 4-58 入户门门槛

理想的起居室需规划出聚谈空间、阅读空间、电视及音乐欣赏空间，面积不小于 $14m^2$，短边净尺寸不宜小于 3.0m。起居室与厨房、餐厅连接时，不应有高差。起居室应有直接采光、自然通风。当住房面积受到限制时，起居室与餐厅空间允许重叠，甚至与卧室空间重叠，但厨房、卫生间一定要分开。

起居室通过室内过道与各房间连接。考虑有轮椅通过时，室内过道的有效宽度不应小于 1.2m；如果无轮椅通过，则室内过道的有效宽度为 1m 是可以的，此时仅需要考虑医用担架通过。但过道需设置连续式扶手；暂不安装的，应设预埋件。

老年人住宅和老年人公寓应设阳台，阳台不仅具备提供半户外空间的功能，作为视线与外部环境交流的地方，同时还宜作为紧急避难通道。阳台宽度不宜小于 1.5m，方便轮椅转弯，阳台栏杆的高度不应低于 1.1m，也是出于安全的需要。

通常一套住宅仅一个景观阳台，是全家人共同所有的，因此，需要在阳台上添置一些为老年人设置的健身设施，如具有按摩功能的碎石地面、方便肢体锻炼的踏步栏杆、能供休息使用的藤椅等。

4.5.4.3 卧室

依据《城市道路和建筑物无障碍设计规范》(JGJ 50—2001)，无障碍住宅卧室面积要求如表 4-8 所示。

表 4-8 无障碍住宅卧室面积要求

名 称	面积要求/m^2
单人卧室	≥7
双人卧室	≥10.50
兼起居室的卧室	≥16

老年人每天在卧室活动的时间累计达 10h 以上，有时甚至是整天卧床，因此需要卧室空间具有一定的弹性设计，不仅要满足老年人最基本的睡眠需求，而且还要能够在卧室内做些简单的家务活动。老年人的卧室一般不是单一的功能空间，而是兼有多种功能的复合型空间，卧室需要交谈空间。卧室面积控制在 $20m^2$ 左右较为合适。可见，合适的老年人卧室面积要高于《城市道路和建筑物

无障碍设计规范》（JGJ 50—2001）的规定。

由于《城市道路和建筑物无障碍设计规范》（JGJ 50—2001）规定无障碍住宅适于乘轮椅残疾人和老年人居住，所以所有卧室都要求轮椅能够自由回转。理想的无障碍住宅卧室如图 4-59 所示。

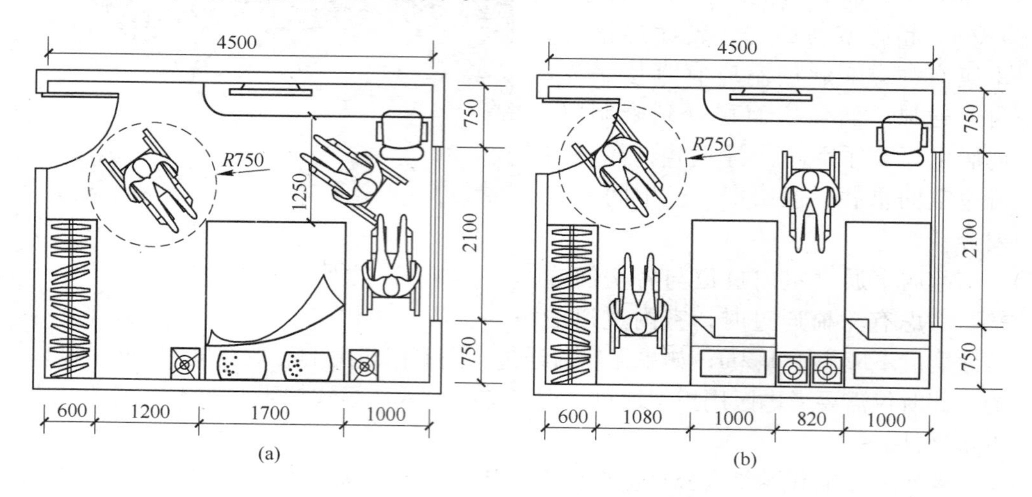

图 4-59　理想的无障碍住宅卧室

为便于到达、疏散和进出方便，无障碍住宅卧室出口及床前过道的宽度不应小于 1.25m，床距离墙面（衣柜）不小于 1.0m，如是两张单人床，则床间距离不应小于 0.82m；电器与家具的位置和高度应方便乘轮椅者靠近和使用；床、坐便器、浴盆高度应为 0.45m。卫生间应设求助呼叫按钮。

卧室主要的家具有床、床头柜、电视柜及衣柜等。床是其中占用平面面积最大的家具，床的位置合理与否直接影响卧室的流线，从而影响老年人或者轮椅使用者在卧室的正常活动。老年人使用的床宽一般为 1.5m 或 2 × 1.2m，两个单人床方便陪护。不论采用哪种平面形式，都要保证足够的轮椅回转空间[115]。

《老年人居住建筑设计标准》（GB/T 50340—2003）规定老年人卧室短边净尺寸不宜小于 2.50m，轮椅使用者的卧室短边净尺寸不宜小于 3.2m，主卧室宜留有护理空间，老年人使用的床要有硬质的边沿，以帮助其借助手的力量起床。事实上，大量老年人所居住的房间并无此考虑。唯一能做到是，利用房间面积较小的特点，老年人可扶着墙壁慢慢行走。因此，可以在墙壁上距地面 0.8 ~ 0.9m 处镶嵌预留件，必要的时候加装扶手。

老年人使用的床的高度要较正常的高度高，最好在 0.6 ~ 0.65m 之间，这样会减轻他们改变体位时的负担。过低的床铺将增加老年人坐下和起床的动作幅度。老年人使用的床需要有硬质的床沿，以方便老年人借助手部的力量改变体位。为了方便轮椅回转，最好将床设计为悬空式，如图4-60所示。

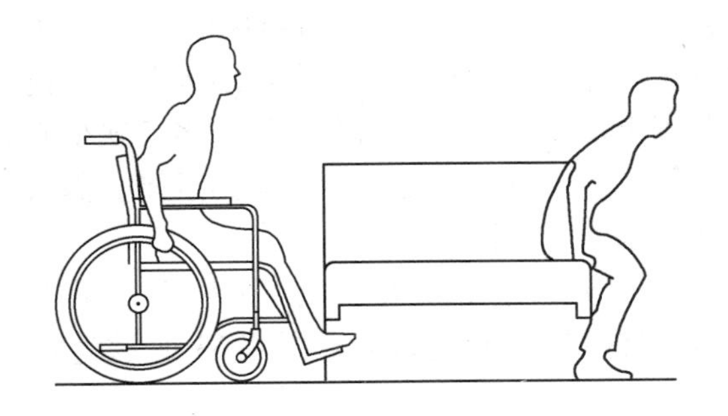

图4-60 架空床体前立面

卧室宜采用平开门、杆式门把手，宜选用内外均可开启的锁具。当使用平开门时，把手的形状最好使用条状的，因普通的球形把手需要通过抓握、旋转才能开启，对人的握力要求较高，对于臂力、握力下降的老年人来说很难开启，而杆式把手通常为下压式的开启方式，操作力只有球形把手的1/3，更易操作，方便老年人使用，如图4-61所示。

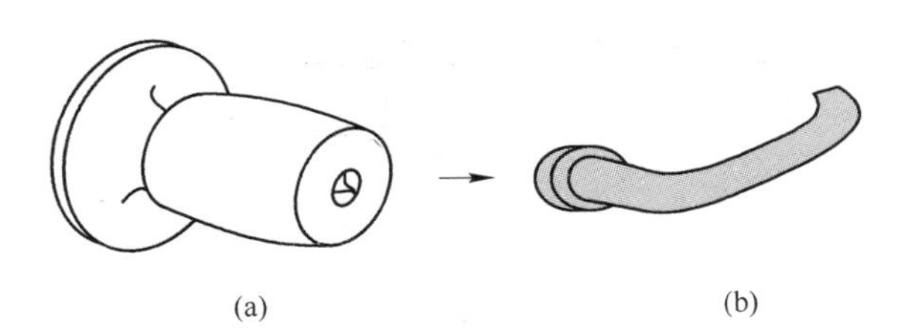

图4-61 球形把手和杆式把手
（a）球形把手；（b）杆式把手

卧室的窗对使用者的影响也非常大。卧室的窗具备通风采光的物理功能，自然光对老年人的重要性比其他人更为迫切，窗还是老年人观赏外部世界的重要场所，尤其是对那些卧床时间较长的老年人而言，他们由于行动的限制，很少参与户外活动，很大程度上依赖窗观察户外世界，依赖窗获得足够有效的日照。其次在卧室适当的位置应该增加特定的辅助照明，比如床头的台灯等，为了让老年人起夜的时候更加方便，在地面设计安装地脚灯，这对保证老年人的使用安全都是非常重要的。

窗还是援救人员救援的第二入口。因此，窗台不宜设计过高，一般以600～900mm为宜，窗的开启要操作方便，推拉窗比较适宜，可保证老年人的使用安全。

4.5.4.4　储藏空间

老年人容易怀旧，经常会把一些已经用旧的物品保存下来。在进行老年人住宅设计时，应关注老年人的这一特点，可以合理地为老年人设计一处专门存放物品的储藏空间。在调查中发现，老年人储存的物品多，缺少必要的储藏空间，以致许多生活物品都杂乱堆放。有些家庭虽然考虑到了储藏需求，但过高或过低的储藏设备给老年人的使用造成了极大的不便。

首先在住宅设计中，应规划出储存空间，图 4-62 所示为具有带储存室的卧室的户型。其次应做好储藏柜或储藏格架，图 4-63 所示为卧室储物空间的高度和宽度。

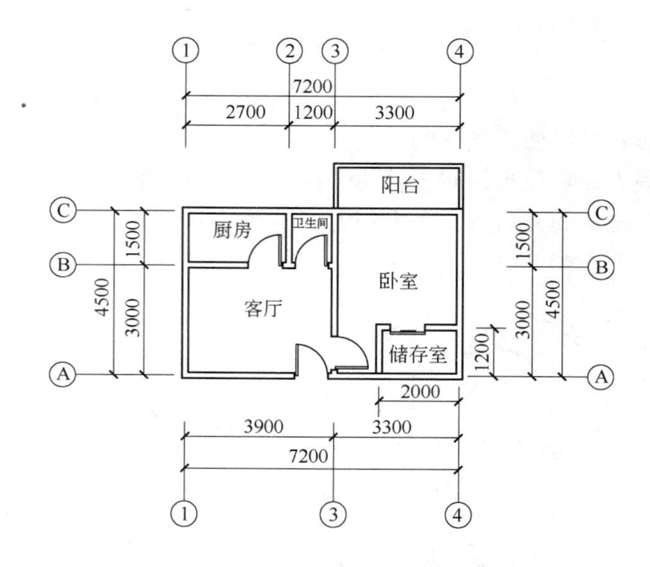

图 4-62　具有带储存室的卧室的户型

根据老年人人体尺度，储藏柜深度设计为 450 ~ 550mm 为宜；搁板设计为可调节式，可以根据实际需要灵活调节隔板之间的高度。根据老年人的平均人体尺度，一般隔板的最高处应低于 1850mm，最低处应高于 620mm。同时，考虑到老年人由于记忆力的减退，需时常翻找物品，视力又大不如从前，所以建议在储藏柜的隔板附近设辅助光源，便于老年人取放物品[116]。

4.5.4.5　卫生间和厨房

在老年人居住建筑中，卫生间是使用频率最高的场所之一，也是发生意外比率最高的地方。对于老年人来说，一个便利、安心、安全的卫生间，为其独立完成私密的排泄、洗浴行为提供了实实在在的物质保障，减少了护理需求。如果排泄、洗浴行为一旦变成需要在护理人员的帮助下才能完成，会使老年人的自尊心受到损害，丧失生活的积极性。因此，在设计老年人使用的卫生间时，既需要考

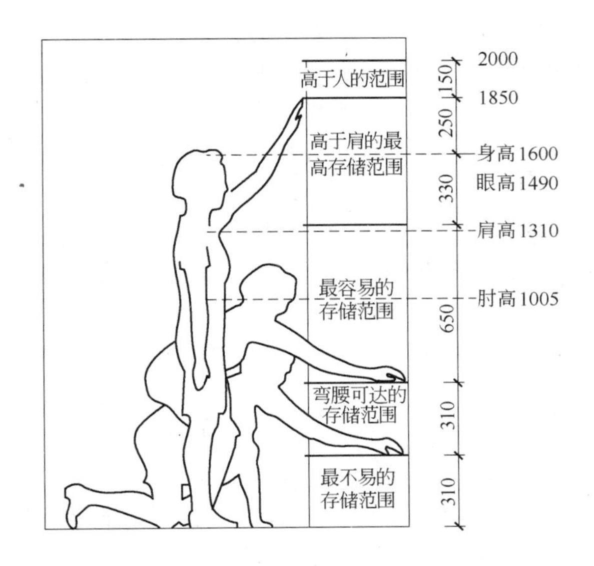

图 4-63　卧室储物空间的高度和宽度[116]

虑为护理人员预留空间，又需要最大限度地保护老年人的隐私。

从卧室到卫生间应有连续的墙面，方便老年人扶墙行走。卫生间内并不需要设置轮椅的空间，因为在实际调查中发现，需要使用轮椅的老年人是不可能独立使用轮椅的，很短的距离也不需要轮椅，只需要陪护人员搀扶去卫生间。这一点不同于残障人士。残障人士使用的卫生间（如图 4-64 所示）是个人独立使用的，并不适合老年人使用。残障人士和老年人对卫生间的要求是不一样的。

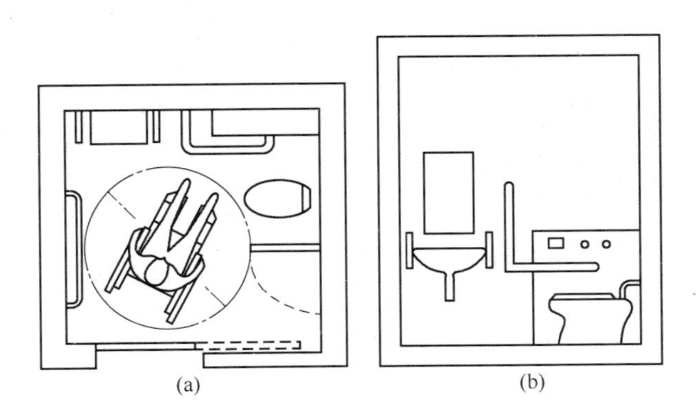

图 4-64　残障人士使用的卫生间
（a）平面图；（b）剖面图

老年人使用的卫生间，其入口的有效宽度不应小于 1.0m，要方便两人同时

出入。宜采用推拉门或外开门，并设透光窗及从外部可开启的装置，避免采用内开门，因为一旦老年人发生意外，倒在门内侧，有可能从外部打不开门，导致施救受阻。在建筑布局上，卫生间应紧邻卧室，两者之间的高差不能超过20mm，以防老年人夜间不够清醒时发生意外事故[117]。

老年人在卫生间内的动作主要有移动、脱衣穿衣、坐下站起以及座位保持等。为了保证这些动作安全、顺利地展开，设置扶手是十分必要的。一般卫生间扶手多设在坐便器的侧墙，主要有竖向设置、横向设置以及它们组合而成的L形设置。偏瘫老年人的动作带有方向性，如厕也不例外，可以用一侧抓握扶手，因此，坐便器左右两侧都应设置扶手（如图4-65所示），留出护理空间。

坐便器一侧须留0.5m以上的护理空间，以便护理人员可以站在侧边进行护理。有条件的话，坐便器后侧可留出0.2m以上的空间，使从后侧的护理变得更为方便。日本有关老年人建筑设计的资料建议：为了保证必要的护理空间，老年人卫生间至少是净宽1.35m以上的方形，如图4-66所示。

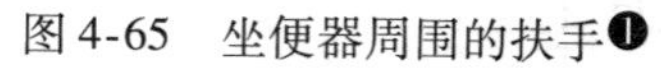
图4-65　坐便器周围的扶手❶

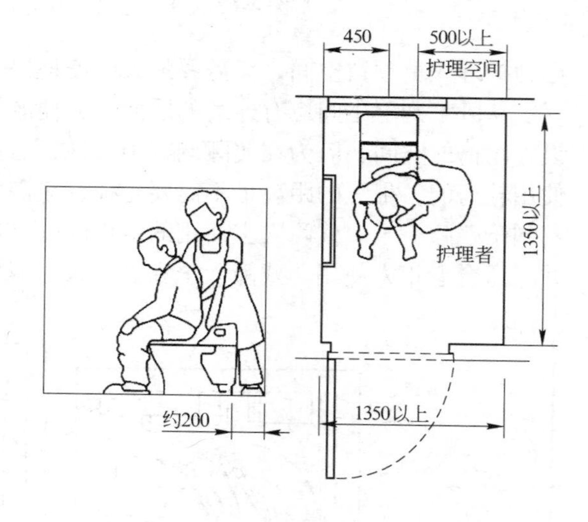

图4-66　卫生间内的护理空间

洁具的尺寸应符合老年人的身体特征。适合老年人的坐便器通常的座面高度为0.37～0.39m。但是对于大多数老年人，特别是患有慢性关节炎的老年人来说，由于下肢屈伸不灵活，为了方便起坐，减少身体负担，还是选用高一些的座面比较好，以0.5～0.55m为宜。

❶图片来源：http://www.yktytools.com/product13.htm。

家庭内部的卫生间通常带有洗浴和如厕两种功能，当老年人的这两种行为都需要帮助的时候，卫生间尺寸一定要进一步放大。如果洗浴时还需要两个人的帮助，这时除保证老年人活动需要的尺寸外，还需要保证协助人员从两个不同的方向帮助老年人洗浴的尺寸[117]。

实际调查显示，目前我国老年人居住建筑中的卫生间，多针对健康老年人的常规如厕行为[118,119]。我国养老机构中的双人间、单人间老年人居室卫生间通常配置"三件套"，即洗手池、坐便器和浴盆，如图 4-67 所示，其实并不适合老年人使用。

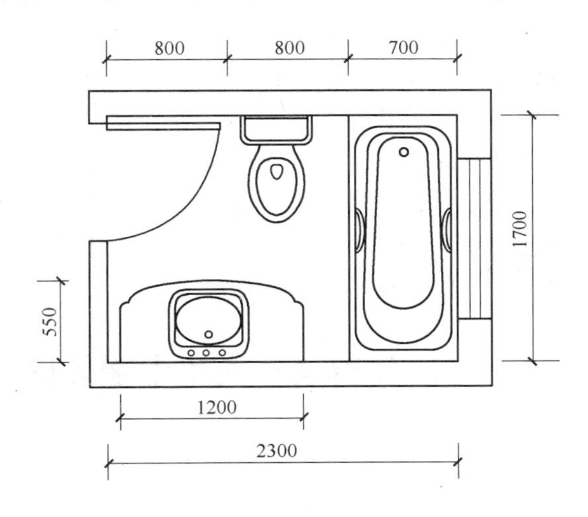

图 4-67　卫生间"三件套"

首先，配备"三件套"的卫生间无淋浴空间，即使是健康老年人不需要护理，浴盆注满水后，突然进入也容易引起心脏不适，具有潜在的危险；其次对于介助老人，护理人员也很难帮助其完成洗浴的操作。总体来看，卫生间内的浴盆利用率较低，常被当做晾衣物或堆放杂物的空间。因此，老年人浴室不宜设置浴盆，而应用座椅替代并设置扶手或用粗糙的墙面代替扶手[120]。

卫生间要特别注意通风换气，自然通风的卫生间即使对外开窗，也要设置换气扇，以提高通风换气的能力，保持空气清新。

老年人对温度变化的适应能力会逐渐下降，卧室通常会配置空调来调节气温，当从卧室进入与卧室温差较大的卫生间，且停留时间较长时，容易引起感冒或其他疾病，所以卫生间必须设置采暖设备供老年人冬季使用。

厨房对于老年人而言也是一个危险的地方。如果老年人的体力智力都允许其独立使用厨房，则厨房需有足够的工作台面及适当的移动空间。根据《老年人居住建筑设计标准》（GB/T 50340—2003）的规定，厨房面积不应小于 4.5m^2。供轮椅使用者使用的厨房，面积不应小于 6m^2，轮椅回转面积宜不小于 1.50m ×

1.50m。《无障碍设计规范》（GB 50763—2012）规定，一、二类住宅的厨房面积不应小于6m^2，三、四类住宅的厨房面积不应小于7m^2。可见，《无障碍设计规范》（GB 50763—2012）较《老年人居住建筑设计标准》（GB/T 50340—2003）的规定更为严格。实际上，当一个老年人独立行走的能力缺失，需要依赖轮椅代步时，进入厨房就更加危险了。

4.5.4.6　室内交通和地面

光洁的地面材料对老年人来说是不安全因素。老年人因腿脚力量不够，平衡能力差，行走时容易重心失稳而摔倒并且摔倒后不容易站起来。因此要求老年人住宅中地面的防滑性能要好，要保证在遇湿的时候也不会滑。具有保温性的材料对保证老年人的身体健康非常重要。

太软或者太硬的地面材质，都会增加老年人行走的疲劳感。地面还要求容易清洁。目前起居室、卧室用木地板较好、人造木地板次之；毛面地毯、水磨石地面、水泥地面等不适合老年人居室；防滑地砖虽具备了良好的防滑性能但不具备保温效果，用在厨房和卫生间中比较合适。

4.6　失能失智老年人集中赡养区

4.6.1　失能失智老年人的照料现状

2010年末，全国城乡部分失能和完全失能老年人约有3300万人，占我国老年人口的19.0%，其中完全失能老年人1084.3万人左右，占全部老年人口的6.25%。到2015年，我国部分失能和完全失能老年人将达4000万人，比2010年增加700万人，占全部老年人口的19.5%，其中完全失能老年人达1240万人左右，占全部老年人口的6.05%，比2010年增加160万人[121]。目前我国失能失智老年人主要有亲属照料和入住机构两种照料方式。

4.6.1.1　亲属照料

若家中有一位老年人失能或失智，一般由配偶提供照料，子女辅助。若夫妇双方全部失能或失智，照料责任就完全由子女承担，对于多子女，可以共同或轮流照料，对于独生子女，则不堪重负。

在经济开支方面，医疗和照料开支是大多数失能失智老年人开支最大的部分，当其居家养老时，日常生活照料成为隐形开支，其背后是子女或配偶以牺牲劳动时间或身体健康为代价。对于失能老年人，其自尊心大都很强，不愿意自己成为子女或其他人眼中的“负担”，因此，其本身的心理压力也很大。如果是独居或空巢老人，处境则更为艰难，雇佣保姆，不仅需要经济和住所条件的双重满足，更关键的是人力市场中此类保姆是否充裕。

若子女经济条件较好，则老年人可得到良好照料；若子女经济状况紧张，或经济状况差异较大，则容易导致子女间的纠纷，老年人成为受害者。失能失智老年人家庭容易产生夫妻及家庭内的冲突，长期照料将降低家人和老年人本人的生活质量。

社区针对健康老年人的活动较丰富，很大程度上是在不折不扣地贯彻政府的惠老政策，而对辖区内失能失智老年人的照料却非常有限。

4.6.1.2 入住机构

对于生活不能自理的老年人，如果家庭无力供养，入住养老机构也是不错的选择。但脱离了熟悉的环境，远离了亲人的关怀，老年人会有一些不习惯。大部分入住机构的失能老年人生活单调，仅限于吃饭、睡觉、看电视等，食物由护理人员直接送到床边，除一日三餐外，也无其他事可做。因行动不便，有的老年人连户门都出不去，虽然表达了想出去呼吸一下新鲜空气的愿望，但有时并不能实现。

目前很多养老机构都是自筹运营经费，因此机构不是针对老年人的需求提供和改善服务，而是以成本核算为标准，尽量提高利润收入，加之缺乏有效的监管机制[122]，老年人遭受虐待的事情时有发生，以至于子女和老年人对养老机构都感到畏惧。而服务良好的养老机构，床位有限，也不能满足大部分家庭的需求。

4.6.2 集中赡养区设计

对于失能失智老年人的赡养，亲属照料将导致家庭负担过重；入驻机构，一是质优价廉的养老机构资源稀缺，人们想去去不了；二是常规的养老机构服务欠佳，入住老年人太少。因此，在住区中设置集中赡养区，专为住区内的失能失智又缺乏家人照顾的老年人提供服务，能很大程度上改变大部分失能失智老年人滞留家庭的现状，解决子女的后顾之忧。对老年人而言，在集中赡养区不仅能获得必要的帮助和服务，因离家的心理距离较近，还能获得愉快的心情和安全感。

4.6.2.1 集中赡养区功能分区

集中赡养区域宜设置在社区医院的首层或近邻，方便护理和急救，也方便治疗和康复，或是设置在单独的庭院中。

集中赡养区的规划设计可借鉴护理机构的设计[123]，图4-68所示为成熟的护理机构平面功能分区，分为居住空间、医疗服务空间、公共空间、主要交通空间和庭院空间。集中赡养区形成“自然组团”，区别于别墅组团、多层公寓组团、高层公寓组团等。

4.6.2.2 集中赡养区的居住单元

集中赡养区赡养的基本上都是辖区内失能失智、家人无力看护的老年人，可以说老年人生命中的大部分时光，都将在社区集中赡养区中度过。因此，需要把集中赡养区当成老年人的家、老年人的住宅来设计。通常，居住空间和护理空间

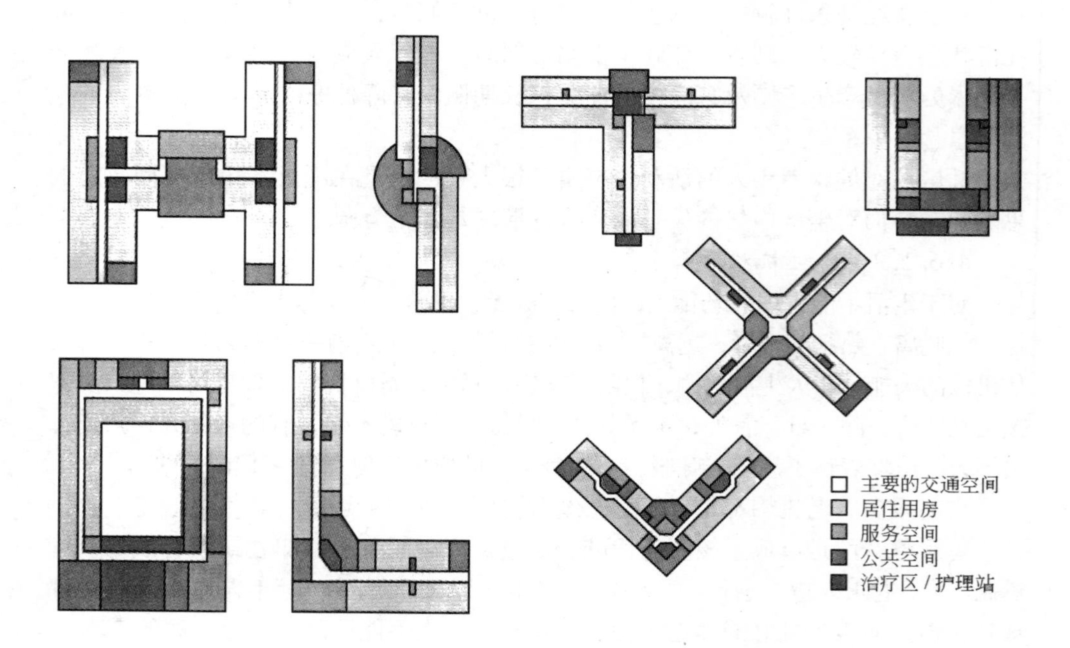

图 4-68　护理机构平面[123]

合为一体，不仅老年人在此休息、康复，医护人员在此为其提供治疗、护理服务，还有亲属来此探访、慰问。居住空间需要提供良好的生活起居环境及治疗环境。

湖南省的养老机构中，采用中央空调、机械通风等设备系统的情况到目前仍较为少见，对建筑设备系统的依赖程度低。居住者仍然强烈地希望充分利用自然采光和通风，这主要是受生活习惯影响，需要尊重老年人的生活习惯。

参照《老年人居住建筑设计标准》(GB/T 50340—2003)和老年人居住意愿可设计多种户型，包括单人间、双人间、一室一厅等，供老年人及其家属选择。作为居住空间，户型中卧室、客厅、卫生间等功能划分和布局要求能够方便老年人的生活，又能营造出家庭氛围，让老年人住得温馨、舒适。作为护理空间，首先要最大限度地保证能及时准确地对老年人开展护理工作，其次要考虑提高工作效率。护理人员的工作效率，即护理人员的实际工作量，指每张床位所需要付出的工作量。基于该目的，需要设计一种高效的护理单元平面，保证护理人员通过的交通路线最短而护理房间最多[124]。

护理单元的交通组织有垂直交通和水平交通两种。由于希望老年人居住在三层及以下的楼层中，所以不建议使用电梯。除楼梯作为垂直交通设施外，还需要有坡道作为辅助的垂直交通设施，如图 4-69 所示。水平交通设施，有廊道和厅堂两类。廊道可将所有房间一一串联。通常有南外廊❶、中间走廊和北外廊等。其中，中间走廊的工作效率是最高的，护理人员可以同时服务廊道两边的房间。南外廊阳光充足，可以为老年人提供滞留交谈的空间，是最受老年人欢迎的一种居住模式。图 4-70 所示为带南外廊的居住护理单元。北外廊由于受到气候条件的制约，一般不建议采用，不得已采用的情况下，需要做成全封闭的廊道。

图 4-69　作为辅助垂直交通设施的坡道

图 4-70　带南外廊的居住护理单元

厅堂式的水平联系较廊道式更为高效，图 4-71 所示为厅堂式的居住护理单元，其服务路径呈放射状，对每间房的服务距离基本相等，服务快捷、迅速。厅堂还可以作为交流活动空间。然而有部分房间的朝向不好，对通风、采暖、制冷等机械设备依赖性强。基于节约土地资源和人力资源角度，厅堂式的居住护理单元是可取的。

4.6.2.3　老年人卧室的布置

老年人居住的卧室，应划分出睡眠区域和交往区域，提供室内散步空间，以鼓励老年人下床活动、外出走动。床与卫生间之间联系方便，是居住空间布置必须考虑的，图 4-72 所示为老年人卧室的功能分区。老年人卧室的布置有以下四种形式：

（1）单人卧室：拥有完整的领域感和较强的私密性。能够完全顺从老年人的生活习惯而不被他人打扰。当然，价格也是最为昂贵的，适合失智老年人居住。

（2）双人卧室：将同屋患者的干扰概率缩减到了最小；同时又能够保证一定的人际交往，减少交叉感染，成为现今护理单元普遍采用的布置形式，但是护理效率不高。

---

❶南外廊：带状走廊，在房间的南向，相对于中间走廊和北外廊而言。

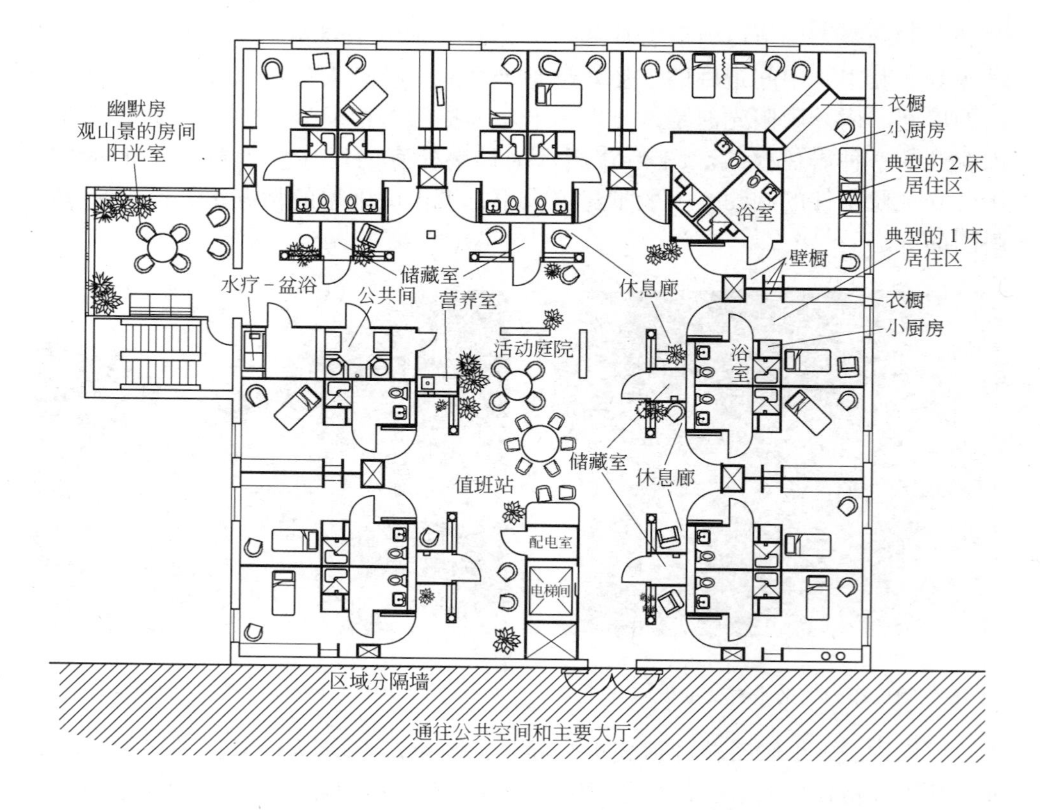

图 4-71 厅堂式的居住护理单元[123]

（3）四人卧室：直观监护条件好，护理人员一次可照看较多的患者，及时了解各种需求，提高效率；有众多老年人做伴，不感孤寂，增加了安全感。

（4）多床卧室：集中赡养区为提高住房效率，一般依据《综合医院建筑设计规范》（JGJ 49—1988）的规定布置床位。床的排列平行于采光窗墙面。单排一般不超过3床，双排一般不超过6床，一间房床位为2～6个。从建筑尺度上看，现状每间病房开间多为3300～4200mm，进深为5700～8400mm，房间层高多为3500～3600mm。

每间卧室最好能够带独立卫生间，方便老年人盥洗、如厕，但不必设置洗浴设备。老年人洗浴需要助理，若每间房都设置洗浴设备，则占用面积过大，利用率较低。集中赡养区宜设置公共浴室。

4.6.2.4 公共浴室

老年人的洗浴行为需要在护理员的帮助下进行，身体虚弱的老年人则会在特殊浴室内通过机械辅助完成洗浴。因此，每一楼层或每一组团内设置一个公共浴

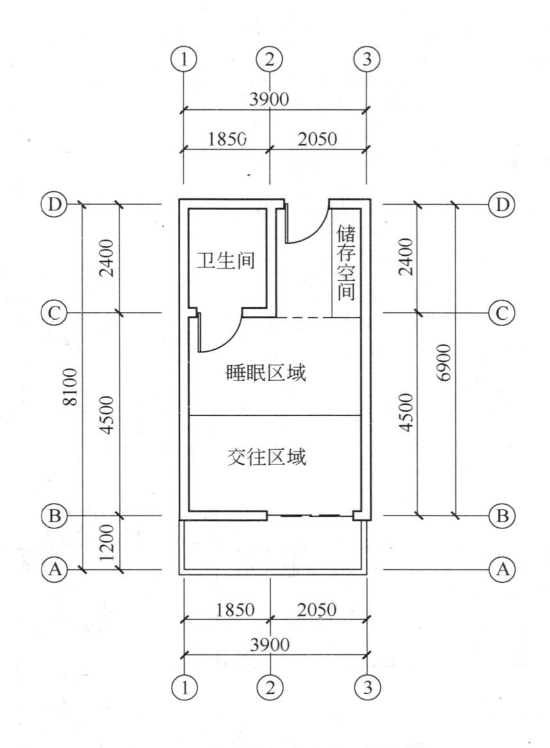

图 4-72　老年人卧室的功能分区

室即可。《老年人建筑设计规范》（JGJ 122—1999）仅要求“老年人住宅、老年人公寓、老人院应设紧邻卧室的独用卫生间，配置三件卫生洁具，其面积不宜小于 5m²”，已不能适应老年人护理机构的实际使用需要，所以可参考日本相关案例公共浴室的布置方式和面积尺寸。

公共浴室的种类包括小型公共浴室（如图 4-73 所示）、介助浴室和机械助浴室（如图 4-74 所示）。

小型公共浴室在美国和日本等发达国家的养老机构中很常见。常在 6 ~ 10 人的组团中设置一处，供护理人员帮助洗浴。这类浴室面积通常不大，约 15 ~ 20m²，可供两位老年人同时洗浴，专属性和私密性较强。可将小型公共浴室和护理站、洗衣间、污物室等后勤服务空间集中设置，以便管理和缩短工作人员的劳动流线。

介助浴室可满足自理和需要他人简单协助的老年人自行洗浴，包含淋浴、盆浴等功能。机械助浴室则可供护理人员为一些行动较为困难、不便接受常规洗浴方式的老年人进行洗浴，包含浴床、机械手臂、机械浴缸等[125]。

4.6.2.5　医疗服务空间

医疗用房应包括医务室和康复理疗室。医务室包括药房、医护人员办公室。

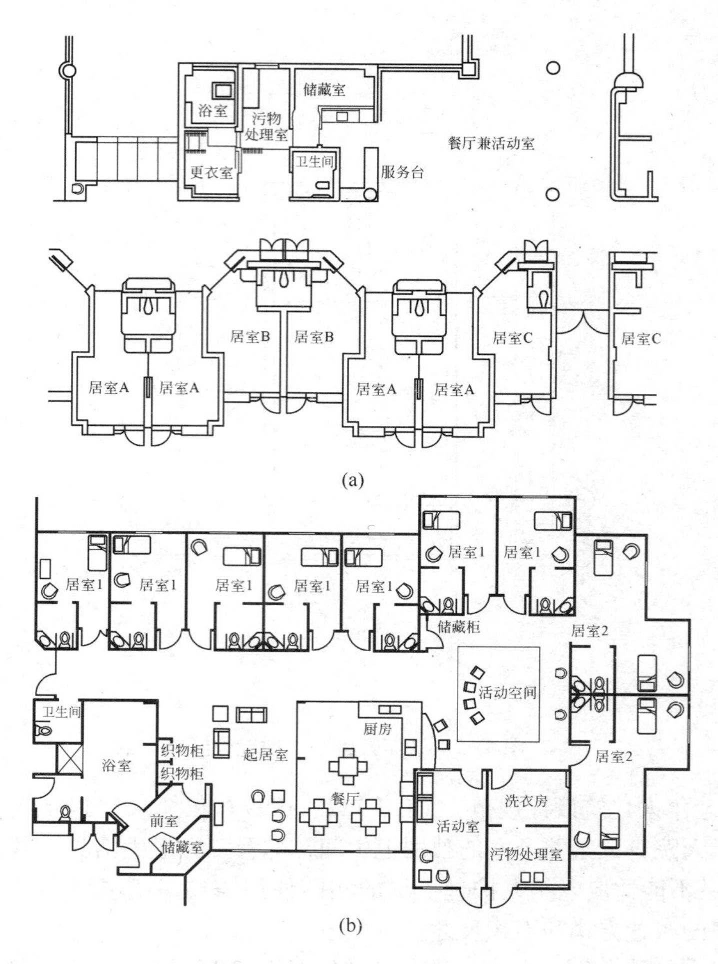

图 4-73　小型公共浴室布置位置[125]

由于服务对象是集中赡养区的失能失智老年人，其中一般意义上的诊室、观察室、心理咨询室等空间可与老年人的居住空间合并。药房主要用于存放老年人常用的药品。

康复理疗类空间往往是我国老年人护理机构中较为缺乏的功能空间，应采用具有生活特征的风格，家具布置和色调设计上应该强化家庭氛围，使老年人感觉犹如处在原来的生活环境中，对此有信任感[126]。

在发达国家和地区的老年护理机构中，通常配有物理治疗室（PT）和职业治疗室（OT）等为老年人提供康复治疗服务。在我国的机构中这两类治疗室并不常见，也有一些机构设置了康复活动室，但通常利用率不高。这与我国老年人护理机构中专业的治疗师缺乏、机构服务项目不健全有很大关系，许多康复理疗

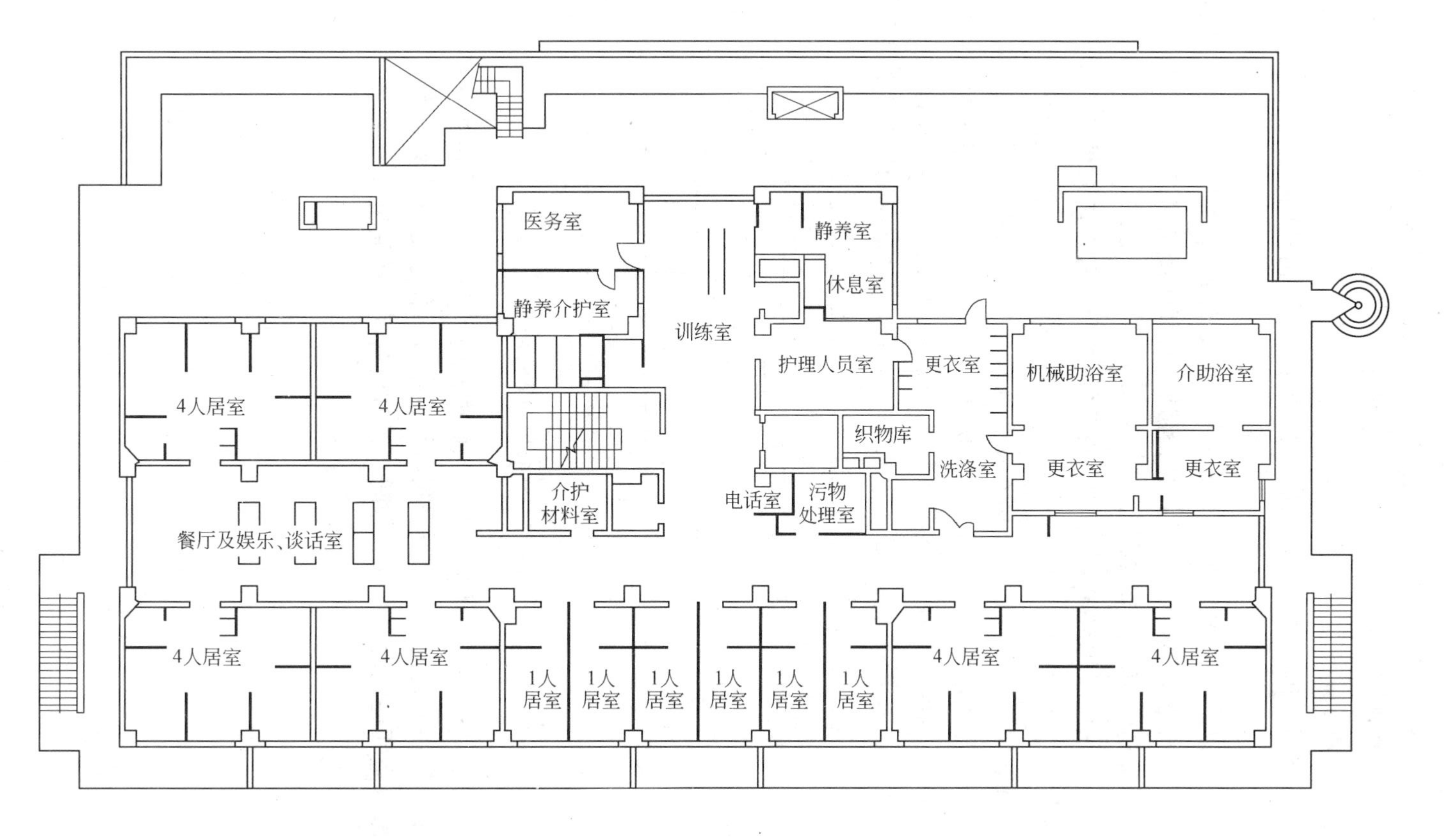

图 4-74 介助浴室和机械助浴室布置位置[125]

服务均在医院而不是老年人护理机构完成。随着老年人护理机构服务项目的完善，设置相应的物理治疗室、职业治疗室等也是有必要的。

4.6.2.6　辅助服务空间

辅助服务空间应包括厨房、洗衣房、污物处理室、清洁间、维修工作间、机械设备间、控制室、库房等。

厨房功能可以参考一般建筑的厨房进行配置，但需注意留出相对更多的配餐、分餐空间以及餐车停放空间。当厨房有频繁向其他楼层送餐的需求时，应配备食梯，以保证运输速度，节省人力。

洗衣房是必须设置的空间。这里的洗衣房是指专门有工作人员进行操作的洗衣空间。入住老年人护理机构的老年人通常不能自行洗衣，因此应由机构统一管理和服务。洗衣房的功能要包括分拣衣物、洗涤、消毒、脱水、烘干以及晾晒、叠衣等。由于会存在被污染的衣物，洗衣房必须注重洁污分区。建议单独划分出存放收衣车和分拣衣物的空间，洗涤烘干衣物的空间和叠衣、存放干净衣物的空间。干净的衣物、床单可直接归还老年人居室。洗衣房功能布局如图 4-75 所示。

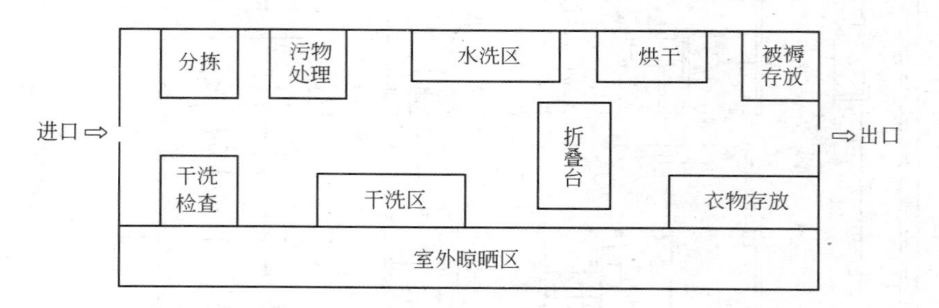

图 4-75　洗衣房功能布局

污物处理室是存放和处理整个老年人护理机构产生的污物的功能空间，必须给予充分重视。污物处理室可以与洗衣房邻近布置，便于处理污染衣物。

辅助服务空间还宜设置维修工作间、机械设备间、控制室和库房等。

5 成功老化

对于每一个生命，老化是不可避免的。然而，如何老化则可以选择。我们将人的老化现象分为正常老化和成功老化。绝大部分老年人都可以做到正常老化，无疾而终；成功老化则属于那些乐于奉献、勇于超越的人。

5.1 正常老化

正常老化指一个人在生命的最后阶段平静而安详、无遗憾地走完生命的全过程的过程。正常老化又分为生理正常老化和心理正常老化。

5.1.1 生理正常老化

5.1.1.1 生命过程及生命质量

以人的个体生命周期为例，生命过程覆盖婴幼儿期、童年期、少年期、青年期、中年期和老年期六大生命阶段。由生到死的生命过程是一切生物所固有的过程。对于人类而言，这个过程的持续时间又称为寿命，或者说，寿命就是生命过程持续时间的终结。人们通常以年龄作为衡量自身寿命长短的尺度。

不同的社会，不同的时期，人类寿命的长短有着很大的差别。同时，由于体质、遗传因素、生活条件等个人差异，也使每个人的寿命长短相差悬殊。因此，很难预测具体某个人的寿命有多长。但从统计学的观点，可以预测一定时期内的社会死亡水平，预期一定时期一定区域的人们的平均可存活的年数，也就是人均预期寿命，即在该时期该区域内，每个人如果没有意外，应该可以存活的年龄。

国家人口和计划生育委员会主任李斌在 2011 年 7 月 11 日举行的“7·11 世界人口日”纪念大会上曾表示，中国的人均预期寿命从 1978 年的 68 岁提高到当时的 73.5 岁，已经达到了中等发达国家水平[127]。

就宏观而言，人均预期寿命的延长，反映出社会生活质量的提高、社会经济条件和卫生医疗水平的进步。就个体而言，达到或超过人均预期寿命，活得更久是标志成功老化的第一步。然而，单纯寿命的增加而非生命质量的提高，是没有价值的，健康寿命比寿命更重要。所有人都希望自己能够健康地活着，生命质量的优化是成功老化的第二个标志。借助于现代医疗技术的进步、养生保健理念的提倡和普及、适度运动以及定期健康检查意识的增强，人们的健康水平也在不断

提高。

5.1.1.2　身体老化

尽管人们期待健康长寿，但衰老却是不可逆的，也是不可抗拒的。衰老既表现为外部形态的老化——头发花白，颜面及全身皮肤松弛，出现“老年斑”，牙松脱落，视力模糊，步履缓慢，脊柱弯曲，身高降低；更深刻体现为内部器官的退行性改变——内脏各系统、器官功能改变，器官萎缩[128]。这些变化打破了人体内在的平衡，最终表现为人对环境适应能力的下降，导致生病或死亡。老化被认为是伴随生命的发展进行的——生命就是建设性力量和破坏性发酵过程相互作用的总和[129]。

生物体的老化同时受到疾病因素和环境因素的影响。疾病是年老的部分反映，也加快了病理性衰老的速度。大多数医学和预防医学的研究表明，健康的生活方式（如定期锻炼、平衡营养、注重养生等）能降低衰老的演变速度，延长个体的生命时间。

衰老分为自然衰老和病理性衰老两种，两者既有区别又很难分开。自然衰老是人体的组织结构和生理功能都发生不可逆的退化，从生理到心理到社会参与方面出现衰退；病理性衰老则是由于老年人对环境适应能力的减弱，易受到各种老年病的袭击，如糖尿病、心脏病、癌症等非传染性疾病和感冒、肺炎等传染性疾病。人老不一定都患病，但衰老一会给疾病以可乘之机。一旦患上疾病，出现病理性衰老，反过来又会加速机体的老化[130]。有趣的现象是，女性在更年期时表现出更为明显的衰老现象，但随着年龄的增长，女性基因在对抗衰老方面的优势逐渐显现出来，衰老程度与男性相当，甚至比男性有更长的寿命。成功老化意味着时刻与衰老抗争，争取更健康的体魄。

5.1.2　心理正常老化

5.1.2.1　自我认识的老化

除生理老化之外，老年人还有自我认识的心理老化。有调查[131]直接询问老年人对自己“老”的看法，是否觉得自己已经老了。结果发现，认为自己还不老的老年人比率随年龄增长而明显下降，更多男性比女性觉得自己还不老。差异最明显的是在60~64岁组，该年龄组超过40%的男性认为自己还不老，而只有20%的女性认为自己还不老；而在80岁以上组，性别的差异小到几乎不存在了。在60~64岁组，更多农村老年人认为自己老了，占85.9%。可见，对老化的个体认识和社会认识是基本一致的，但仍存在差别。将60岁及其以上定位为老年人已形成社会共识，但对个体或群体而言则有所不同，城镇老年人比农村老年人对自己的年龄角色判定更为积极，男性老年人比女性老年人的心理年龄更为年轻，身体状况良好的老年人比疾病缠身的老年人的外观年龄更为年轻。

5.1.2.2 心理老化导致的性格改变

在个体逐渐变老的过程中，心理层面所发生的各种变化以及伴随而生的各种心理反应将改变人的性格。人们可以描述出若干与心理老化有关的迹象，例如常说老年人对事业没有创新思维，刻板固执；对自己身边的事视而不见，对新生事物不容易产生兴趣；常感到空虚乏味，人际关系特别敏感，经常与自己周围的人过不去，怀疑心重；固执己见，性格孤僻，喜欢独来独往，我行我素；健忘、易怒、唠叨等。这些特征或许只是一般人对老年人的普遍印象，也有可能是大多数老年人都会产生的心理特征，然而不论是前者还是后者，其所隐含的意义是个体进入老年期后，其认知功能、心理特质及其对环境变化的适应和应付能力都会有所改变。

老年人离开熟悉的工作环境后，人际交往频率下降、信息交流不畅等因素都会导致敏感。对于离开了工作岗位的老年女性来说，更早的退休年龄、更长的预期寿命，与之相伴而来的是丧偶可能性的增加；对于老年男性而言，社会角色发生的改变更难以接受，从工作单位转向家庭，其社会关系和生活环境较之以前显得更为陌生。在退休之前往往有较稳定的工作甚至较高的社会地位，能获得更多的尊重；退休之后无从发挥自己的作用，自尊心受挫，空虚、寂寞、受冷落等感觉顿生，往往以为自身价值不复存在，过去的热闹氛围一去不返，对新的生活又不能很快适应，于是情绪低落或者郁郁寡欢，产生“沮丧”，沮丧是高龄期相当普遍的心理困扰。研究发现，在老年人中，女性大约有 20%、男性约有 10% 有心理沮丧的症状。研究结果表明女性晚年产生沮丧情绪的可能性要大大高于男性，虽然每个人产生沮丧情绪的原因不尽相同，但主要可概括为对死亡的恐惧、配偶亲友相继过世所形成的孤独感受、退休后无事可做的精神空虚、对维持行动与健康的力不从心等。一种“老了不中用了”的心理感受便会产生。

如果任由这些抑郁的情绪蔓延滋长，则很可能演变成为忧郁症。忧郁症是老年时期常见的一种情绪困扰，却是最不容易被发现的一种心理疾病。忧郁症的病症，不论是情绪上的（如对事物失去兴趣，对生命绝望）、生理上的（如容易疲倦，不易入眠）或是认知上的（如容易健忘，精神难以集中，思考困难），都符合一般人对老年人或者说老化的印象，因而也容易被忽略。忧郁自卑感一旦形成，老年人就会经常对自己产生怀疑，随着因年龄增长导致的身体的老化以及慢性疾病的困扰等，老年人可能开始出现各种焦虑和惧怕情绪，例如无法摆脱疾病的焦虑、对死亡的极度恐慌等，这些都可能加重抑郁症的病情。除老年人自身的原因外，他人对老年人的歧视也是老年人迈向成功老化的一个障碍，如年龄歧视、对老年人或年长者的歧视等。年龄歧视是指根据年龄上的差别对老年人的能力和地位做出贬低的评价、负面价值判断。社会、家庭和老年人自身对老年的认识都可能存在着误区。就社会而言，认为“老年”是退出社会的代名词；就老

年人而言，他们退出工作岗位之后，与组织化的工作环境切断了联系，同时某些能力亦不可避免地随着年龄的增长而降低，从而导致很大一部分老年人认为自己只能消极被动地适应社会，甚至抱着“等死”的心态来打发时光。

5.2 成功老化的界定

每一个年轻人都怀着梦想闯荡世界，都渴望成功，但是如何界定成功，则是各抒己见，很多学者对此做出研究，社会有基本的评价体系，个人对自己是否成功有自己的看法。多元化的社会，对于成功老化的界定标准也不是唯一的，从不同的角度分析，其标准必然各不相同。

5.2.1 基于个体的成功老化标准

5.2.1.1 老化适应机制

老化适应机制包括退缩机制、参与机制以及连续机制。

A 退缩机制

退缩机制是指老年人从原来的社会角色中退出或者脱离而获得自由的过程，是老化适应机制之一。强制退休制度就是退缩理论在现实中的实践。退休制度即是有秩序地将权限由老年人移交到年轻人手中，保障社会功能的正常运行，这样做有益于个体和社会互惠[132]。尽管退休制度导致老年人的社会地位下降和经济能力减弱，但在全世界普遍实施。

老年人在离开工作岗位后，其社会关系上的改变包括：缩小了外周关系，减少了社会网络规模，在剩下的社会关系中仅保留了重要和亲密的关系。如果任由退缩行为继续发展来适应老化，则会失去更多的社会关系，老年人的性格也将随之变化，变得沉默寡言，难以融入正常的交往中。因此退缩机制适应老化被广泛批评，存在争议。批评者认为老年人不能退缩在特定的内部中自我孤立，而是要与和造成他们孤立的社会因素抗争，争取更多资源和机会。但是又不得不承认部分老年人群体，尤其是高龄体弱的老年人，由于身体功能的退化和亲人的丧失，退缩机制确实能帮助他们适应老年生活，表现为老年人主动将自己的社会交往和互动降低到一个相对狭窄、更加令自己能够掌控的范围内。尽管老年人的社会交往客观上有所减少，但放慢了生活节奏，着重维持核心圈的人际交往，能做自己感兴趣或者能带来快乐的事情。这样做，主观感知到的社会总体支持水平保持稳定，社会关系质量没有变化，甚至有提升。如此看来，利用退缩机制适应老化，还是能取得一定成功的。

B 参与机制

参与机制是指老年人从原来的社会角色中退出或者脱离后，不是疏远社会，而是转为从另一个角度选择性地参加新的社会活动、结交新朋友来弥补原来的社会关系和社会互动的减少，应该是大部分退休老年人的生活状态。参与机制适应老化是指人们通过参与外界活动，防止社交类型和数量的减少，来获得主观幸福感和生活满意度。相关研究已证明，个体的生活满意度直接和社会交往活动的水平相关，那些精力充沛、社交积极的老年人与疏远或脱离社会的老年人相比，主观幸福感和成就感高，身体更为健康，也更加长寿。单纯的活动频率或者活动量并不能完全预测老年期的幸福感，相比较而言，活动质量更加重要。因此，选择性地参与才能获得最满意的结果。

C　连续机制

人们在生命历程中已经培养出了自己特定的习惯和偏好，在老化适应过程中，这些习惯和偏好将会保存下来，在一段时间内保持连续性，维持原来的生活模式，比如在和主要角色相关的活动上，尤其是在业余活动和个人爱好活动方面，这也是成功老化的一种手段。例如，在退休过程中，如果可以在身份识别和自我概念上保持连续，将有益于退休适应，免除社会角色的突然转变而感到不适应。这个目标可以通过“在熟悉的生活领域运用熟悉的策略”达成。连续机制适应老化强调保持社会关系和生活方式的连续性所带来的机会。这种机制在非公权企事业机构中得到很好的运用，如私营企业，权属人拥有决定自己是否退休的决定权，就不一定选择在法定退休年龄退休，而是逐渐地，一步一步地放手权力，直至接班人完全能够胜任，才会将权力完全移交；如农村，农民拥有土地的使用权，也无强制退休政策，他们一直延续原来的工作，60 岁及以上年龄的老年人在田间劳作随处可见。即使是在公权企事业机构中，也有采用退休返聘制度的做法，保证了部分老年人退休前后工作性质的连续性。由于身体的老化是逐渐变化的，他们脱离工作也可以是逐渐进行的。这样老年人能够更好地适应老化过程。

5.2.1.2　成功老化的客观评价

Havighurst（1961）首先提出了成功老化的概念，他对成功老化的定义是“长寿”和“生活满意”。Palmore（1979）将成功老化定义为寿命在 75 岁以上，并且能保持较好的健康和幸福感。目前人们普遍从三个方面衡量老化的成功程度。基于个体的成功老化包括生理健康的维持、心理健康和积极的社会参与三个方面，三者交会之处，就是成功老化，也是 J. W. Rowe 和 R. L. Kahn 所称的成功老化模式[133]，如图 5-1所示。成功老化模式着重于老化的正向观点，希望能超越生物年龄的限制，并从基

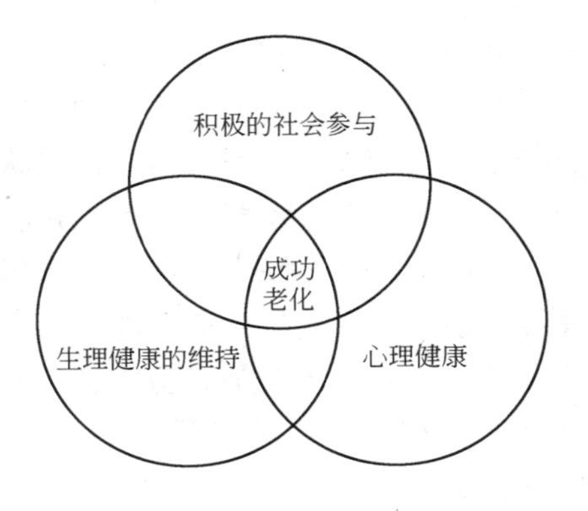

图 5-1　成功老化的客观评价

因、生物医学、行为科学以及社会因素等方面来提升老年人在晚年生活所需的功能。

（1）生理健康的维持：较少的老年性疾病，身体健康，较好的生活自理能力、行为能力以及较好的认知功能；持续维持生理健康，即使身体染病，也能够乐观地对待和治疗；当穿衣、洗澡、吃饭等日常生活自理功能丧失或部分丧失时，能够积极地参与康复锻炼，而不是埋怨沮丧。

（2）心理健康：和生理医学强调没有疾病和身体健康相比，心理社会方法评定成功老化的标准更强调心理健康，包括能够比较完整地认识自己，生活目标切合实际，能适度地表达与控制自己的情绪，有限度地发挥自己的才能与兴趣爱好，而且具备一定的学习能力。

（3）积极的社会参与：包括与外界环境保持接触，与他人积极互动，进行互惠性的社会参与。

成功老化模式的三个成分相互联系、彼此影响：良好的身体和认知功能提供了参与活动的可能性，积极参加各种活动为认知功能的训练、身体锻炼和健康保持提供了机会。成功老化就是在这三个成分上都表现出最优。J. W. Rowe 和 R. L. Kahn 认为，老年人的身体和认知功能都具有弹性，可以通过干预和训练加以改善；而对于参与活动成分，他们特别强调人际关系互动和生产性活动。

对 J. W. Rowe 和 R. L. Kahn 的模型的异议在于这个模型对于多数老年人可能不现实，因为要避免与年龄相关的疾病非常困难，只有极少数老年人能做到。有研究将被试的主观评价为成功老化的人群比率和用 J. W. Rowe 和 R. L. Kahn 的标准区分出的成功老化的人群比率进行比较，发现有50.3%的老年人自我报告是成功老化，但是按照 J. W. Rowe 和 R. L. Kahn 的标准，只有18.8%的老年人可以算是成功老化。

林丽惠[134]（2006）在引申 J. W. Rowe 和 R. L. Kahn（1998）对于成功老化的观点后，强调生理、心理和社会三者缺一不可，进而将成功老化定义为，个体成功取决于适应老化过程的程度。强调在老化的过程中，在生理方面维持良好的健康及独立自主的生活，在心理方面适应良好，在社会方面维持良好的家庭及社会关系，让身体、心灵保持最佳的状态，进而享受老年的生活。

5.2.1.3　成功老化的主观评价

人们可以从客观上评价一位老年人是否是一位成功人士，老年人自身的主观评价也很重要。老年人的主观幸福感、主观成就感对其生活质量的影响很大。自我感觉良好的老年人是成功的老年人。影响老年人主观幸福感的因素从大到小分别是子女教育、身体状况、夫妻情感及邻里关系、经济收入、住房及居住环境等。

凡子女成功者，老年人的主观幸福感最大。子女对中国老年人而言，就是最大的牵挂也是最大的资本。分享荣耀之心人皆有之，老年人能够通过分享这样的荣耀获得他人的羡慕，带来精神上的满足。要让老年人感到幸福、感到成功，子女需要把自己的事业和家庭经营好。道理与古代的“光耀门楣”同出一辙，符合老年人的心理状态。

健康是人类的财富，身体状况直接影响个体的幸福指数。老年人的身体健康情况与幸福指数成正比。当温饱满足之后，老年人（甚至中年人）关注最多的就是养生和锻炼。如果一位老年人到了 80 岁以上的高龄，还能生活自理，看书读报，将会得到人们的羡慕和称赞，老年人自身也会非常自豪。

“金婚、银婚、钻石婚”，美好的婚姻一向值得人们赞美。能够“白头偕老”的夫妻，不仅是个人的成功，更是后人的榜样。邻里和睦，能使得主观幸福感加强。所谓“远亲不如近邻”，指的是出于人的互动性和互益性需要，使得与邻居的交往成为人们生活中的一部分。一个和蔼可亲、平易近人的老年人一定能够获得良好的邻里关系，因而可以说“这样的老年人是成功的”；相反，认为“全世界的人都在团结起来欺负我”，这样的心态也会让邻居们害怕，从而回避，使得老年人本人更加孤独，这样的老年人是最需要帮助、也是最为困难的扶帮对象。

经济收入与幸福指数有一定联系，但并不是线性关系。当温饱、医疗保障解决之后，老年人能够自主地安排自己的养老金，则幸福感强。老年人有足够的经济能力，能够提早进行理财规划并妥善使用退休金，才能拥有安享晚年的底气。

“老有所居、落叶归根”是每位老年人的愿望。如果有属于自己的住所，而且是在自己的出生地或是童年期、少年期的生长地拥有属于自己的住所，老年人将会十分满足，无疑认为自己是幸福的、成功的。

主观幸福感是对整体生活满意度的一种评价，是衡量个人生活质量的基本度量。主观评价无论如何可以成为成功老化的参考标准之一。随着我国经济的发展，在衣食无忧的前提下，很多非物质因素对老百姓生活的影响越来越大，在主观评价成功老化中的重要性也越来越强。

孔子曰：“吾十有五，而志于学，三十而立，四十而不惑，五十而知天命，六十而耳顺，七十而从心所欲，不逾矩。”如果在 70 岁，能做到“从心所欲，不逾矩”即主观意识和做人规则融合为一体，那就真正达到了优质的生命质量。

Depp 和 Jeste（2009）区分出了 10 类成功老化的定义，其中前四类分别是生理功能（26%）、认知功能（13%）、主观幸福感（9%）以及参与社会、生产性活动（8%）。

5.2.2 基于社会分层理论的成功老化标准

5.2.2.1 韦伯的社会分层理论

西方社会学史上，最早提出社会分层理论的是德国社会学家韦伯。韦伯[135]

提出划分社会层次结构的三重标准（如图5-2所示）：财富——经济标准；声望——社会标准；权力——政治标准。他的理论是从人文主义出发的。无疑，处于三者或者三者之一的顶端人士即为成功者。韦伯之所以专门选择这三个划分阶层的标准并将它们区分开来，是因为它们都能够在市场中发挥优势作用，而且都能直接影响到竞争的结果。在他看来，人类社会是立体多面的，文化也充满着多样性，人类的行为更不能用同一种标准来衡量，因此，他采用的是三个向度各自成列的分层标准体系[136]。

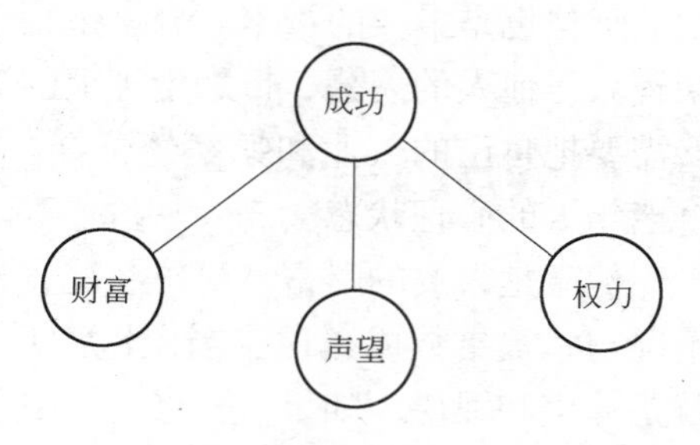

图5-2　划分社会层次结构的三重标准

（1）财富。韦伯所指的财富是指物质财富，即个人用其经济收入来交换商品与劳务的能力。把收入作为划分社会阶层的经济标准。目前我们区分穷人和富人就是以经济能力为标准的，显然，富人比穷人在养老方面更具有保障。穷困潦倒、食不果腹、需要社会救济的老年人是不能算成功的。当然，就如何取得财富还需要做进一步的划分，“君子爱财，取之有道”，非正当途径取得的财富显然不是韦伯所指的财富。

（2）声望。声望指个人在他所处的社会环境中所获得的声誉与尊敬，同时也是指其社会贡献的大小。社会贡献越大，其获得的声誉也就越高，获得的尊敬也就越多。在韦伯的社会分层理论中，常常按照这个标准把社会成员划分成不同的社会身份群体。所谓社会身份群体是指那些有着相同或相似的生活方式，并能从他人那里得到等量的身份尊敬的人所组成的群体。我国也有“物以类聚，人以群分”的古谚，在住区规划中，生活方式相似的老年人居住在一起，可以产生更多的共同语言，得到更多的相互照应。

（3）权力。韦伯认为，权力就是“处于社会关系之中的行动者即使在遇到反对的情况下也能实现自己的意志”。权力不仅取决于个人或群体对于生产资料的所有关系，也取决于个人或群体在阶层中的地位。按照此标准，政治地位愈高，手中权力愈大的人，则愈为成功。有一种社会现象叫“媚权”，也就是把手握权力的官员当成“成功人士”宣传、膜拜，这一现象不是好现象，值得深思。

社会地位、经济地位、政治地位并不与“成功”成正比，但有一定关联。社会地位高，可以有话语权，影响决策者；富裕商人利用其经济能力努力做慈善，帮助穷苦人；位高权重者造福于民，服务社会才能算真正的成功。

5.2.2.2　我国老年人口分层初探

李强[137]提出我国社会结构呈“倒丁字形的社会结构”（如图5-3（a）所

示)，而正常的社会结构应该是“橄榄形”的（如图5-3（b）所示）。从全国就业人口看，发现了一个巨大的处在很低的社会经济地位上的群体，该群体内部的分值是高度一致的，在形状上类似于倒过来的汉字“丁”字的一横，而“丁”字的一竖代表一个很长的直柱形群体，该直柱形群体是由一系列处在不同社会经济地位上的阶层构成的。丁字形结构体现出的最突出问题是城乡分离。低收入者形成一巨大群体，而老年人口的整体地位却在边缘化、弱势化。

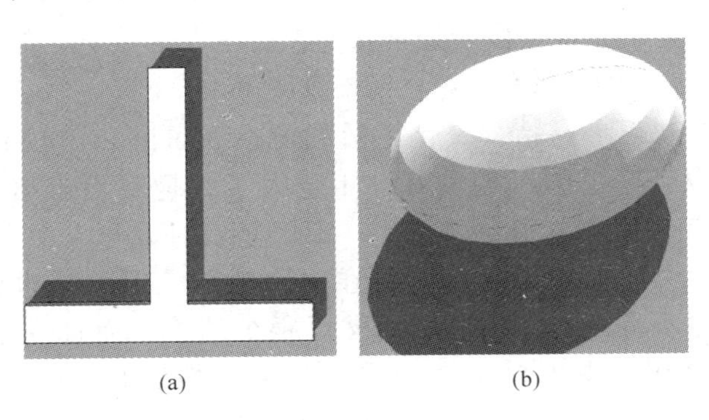

(a) (b)

图5-3 社会结构
（a）倒丁字形；（b）橄榄形

在我国社会分化中，存在老年人口群体内部的阶层分化问题。这种分化，首先是在老年人口地位分布的边缘化的前提下的一种结构性排斥而导致的内部阶层分化；其次，老年人口的社会地位还不是在平等的、有利于全面和谐发展的社会氛围中获得的。

刘庚常等[138]借鉴西方典型社会分层指标体系，结合老年人口的社会、经济、身体特性，根据我国社会实际状况，将我国老年人口分为老年农民及无业者阶层、老年企业员工阶层、精英阶层。

A 老年农民及无业者阶层

老年农民及无业者阶层属于“倒丁字形的社会结构”中的一横，已经形成一个庞大的群体，也是养老需要特别关注的一个群体。老年农民一直野外劳作，劳动环境恶劣，不仅收入低，而且不稳定，没有退休金或退休金极其微弱，晚年缺乏经济保障。老年无业者并不代表终生未劳动，而是指青壮年时期未能参加有劳动保障的职业，如家庭妇女，终其一生为家庭操劳，却没有职业，还有一些人，从事临时工作，亦无社会保障，他们老了以后都沦为无业者。老年农民及无业者文化水平低，缺乏自救自助能力；健康水平低，缺乏社会医疗保障。由于过度透支，没有积累多少财产，无论从收入水平、生活质量和健康状况来看，老年农民和老年无业者都是社会上的弱势群体，是一个尤其需要关注而往往又被忽视的巨大群体。

在农村，子代家庭从父母家庭中剥离出去之后，老年人和子女两代人之间的沟通交流很少，即便是老年人与子女的小家庭同处一个院落，成年子女也难做到和父母促膝谈心，给父母带来精神慰藉，在分住子女已生育孩子的家庭，这个情况更为突出。现在我国社会出现了严重的“重小轻老现象”，中青年更多地关注子女，却忽视了对父母的孝顺和敬养。农村外出打工的青壮年，更是把有限的时间、精力和金钱倾注于未成年子女的哺养和教育上。农村普遍存在的子女对老年人感情“麻木”并不完全是由于经济状况，而是农村敬老、孝顺观念正在日趋淡化，很多人对父母的亲情和感恩之情十分淡薄。

农村老年人缺乏参与精神文化生活的习惯和氛围，年轻时除了从事的农业劳动以外，没有广泛的兴趣爱好，年纪大了兴趣就更难培养。翟玉和[139]在调查中发现有一种现象很令人担忧，那就是农村老年人中有52%的子女对父母感情“麻木”。有的与父母同住在一个院落，但一年也说不上一句话，有的儿女非过年不登门，登门时只给父母很少的钱，而且一年就一次。据参与调查的人员介绍，在农村调查中看到的普遍情况是，吃的最差的是老年人，穿的最破的是老年人，小、矮、偏、旧房里住的是老年人，在地里干活和照看孙辈的也多是老年人。一年吃不上几次肉，平日兜里没有一分钱，小病挺着，大病等死的例子并不鲜见。这些老年人不是村里的“五保户”，也不是民政部门的救济对象，但由于子女的不尽孝，使他们成了“三不管”，其生活境况反倒不如无儿无女的老年人。他们对子女多有抱怨，但大多不忍心将子女告上法庭。

对老年人的冷漠无疑是教育的失败，老年人晚景的凄凉值得对“成功老化”标准做进一步思考。

B 老年企业员工阶层

老年企业员工即已经退休的企业职工，他们基本居住在城镇，或虽不居住在城镇，但养老金及医疗保险均在当地社保部门领取。他们的养老金稳定可靠，但大多数收入水平不高，不过，老年人都很节俭，满足基本的生活是可以的。但一旦生病，医疗费、护理费高昂，就有入不敷出的现象，难以承受。可以说，企业退休员工生活保障稳定，但医疗护理保障不足。

目前我国实行的是“退休金双轨制”，有两套并行的养老金体系，一套是政府部门、事业单位的退休制度，由财政统一支付养老金；另一套是社会企业单位的“缴费型”统筹制度，是单位和职工本人按一定标准缴纳养老保险。因而导致企业与政府机关、事业单位的养老金的差距较大，引起了广泛的关注。养老金是每个人的“养命钱”，在某种程度上也是社会对一个人一生贡献价值的评价。由于制度设计的缺陷导致不能如实反映人们的贡献价值，对建立成功老化的标准形成了障碍。

C 精英阶层

属于精英阶层的老年人曾经处于权力或技术的高端。他们的基本特征是：经济保障稳定丰厚，无后顾之忧；总体文化水平较高，自控力和亲和力较强；虽然权力已经移交，但仍有优越的社会地位、较多的社会活动，普遍受到人们的尊敬。这样的老年人，一般都被认为是成功的老年人。

精英阶层的老年人是老有所为的主力，离开原有工作岗位后，可成为技术顾问，可组建服务团体，可返聘上岗，可教书育人，等等。他们的工作，不再是因经济利益的需要，而是精神生活的补充和享受。他们有可能成为社会的宝贵财富。

5.3 成功老化的社会认同

美国最新的一项财富与成功的民意调查显示[140]，52%的美国人认为一个人成功的标志不是看他是否能够比他人获得更多的财富，而是要看一个人在人生中积累的经历；94%的美国人认为，敞开心扉坦然接受改变对成功的人生至关重要。能够平衡生活与工作的关系也被美国人看做是成功的标志。

我们认为，不同社会阶层的老年人对成功老化含义的理解不同，但总的原则是主观自我感觉越好，客观对社会的贡献越大，其人生就越成功。社会认同的成功老化的标准是生活自理、经济充盈，精神富足。

5.3.1 健康与经济能力

认知功能健全、生活自理是成功老化的先决条件。所有人都希望自己能健康地活着，经济上能够自我保障。金钱可以让人们生活得更好，作为成功的人生，有效理财是必不可少的。能在有限的收入条件下，让日子过得红红火火，井井有条，急需用钱的时候也不会紧张，能够做到这样，应当算是成功。

5.3.1.1 认知功能和生活自理能力

功能水平（生活自理能力）的评定采用生活活动能力量化表进行。量化表分为基本日常生活活动和操作性日常生活活动两个分量表。基本日常生活活动包括进食、洗漱、穿脱衣、上下床、洗澡、室内走动、上厕所等各项活动；操作性日常生活活动包括做饭洗衣、管理财务、乘车购物、行走、上下楼等各项活动[141]。每项活动按照功能自理的状况可分为无依赖、部分依赖及完全依赖。健康的老年人的生活自理能力应该是无依赖的，可独立完成的。

随着年龄的增长，人的脑组织开始萎缩，导致老年人的认知功能呈逐渐下降趋势。欧洲的研究[142]发现，由认知功能下降引发阿尔茨海默病的概率在60~69岁时为10%，而在85岁以上时急剧上升为25%~35%，而且，最易受损伤的认

知功能主要为记忆力、注意力、学习能力和视觉功能，但仍有一些功能如词语能力可随年龄增长而提高。

个体文化程度的高低直接影响其认知功能，受教育水平越高，其认知功能越好。彭海瑛等[143]对4510位老年人的调查也证实，教育程度对认知老化程度有显著影响，即受教育程度较高者认知老化程度较轻。另一研究还发现受教育程度对认知功能的积极作用不受年龄影响，无论年轻人还是老年人，受教育水平都是认知功能的积极性因素。因此，提高人群的文化素质及鼓励老年人多做一些动脑筋的游戏，如打牌、下棋、读书看报等，有意识地加强记忆力和智能的训练，对预防认知功能下降有决定性作用。

老年人日常生活活动能力也会影响其认知功能。随着身体活动能力的下降，认知能力也随之衰退。参加体育锻炼可延缓认知功能下降。因此，老年人应根据身体健康状况，参加力所能及的体育活动或家务劳动，有利于维持良好的认知功能。

各种慢性疾病与老年人的认知功能下降密切相关。研究发现[144]脑卒中患者3~15个月内发生认知功能减退者超过30%，其中有9%发展为阿尔茨海默病。

良好的婚姻和居住方式有助于维持正常的认知功能，对老年人的认知功能可起到一定的保护作用。研究证实，丧偶或独居的老年人是发生认知功能下降的高危人群。良好的婚姻与和睦的家庭氛围可以减轻老年人的心理压力，减少负面精神刺激，有助于大脑的健康。社会和家庭应给予丧偶和独居老年人更多的照顾和关心。

5.3.1.2 经济独立支持

经济独立支持无疑是成功老化的标志之一。我国现阶段企事业单位的退休人员享受养老金保障，而农村老年人的经济社会保障体制则相当薄弱，农村老年人对子女的依赖性较强，而子女的经济支持却远不能满足老年人的需求。因此，很多农村老年人依靠的是农业劳作支持自己的养老，自养能力能够增强农村老年人的经济保障，减少老年人对子女的依赖性，促进晚年生活质量的提高。

子女孝顺程度对农村老年人的生活质量产生巨大影响，这种影响通过老年人的经济保障、社会参与、家庭关系、精神负担、主观幸福感等方面显现出来。子女孝顺能让老年人感到经济上更有保障，更愿意参与邻里往来、社区互动等社会交往活动，提高对家庭和睦状况和代际关系的评价，降低对生活中各种问题的担忧程度，同时对主观幸福感的评价更高。健康状况差和经济贫困的老年人，则最有可能遭遇子女的不孝。女性老年人、高龄老年人、低教育程度老年人、丧偶老年人这些带有明显弱势特征的老年人，也有更大的可能性会对子女做出不孝顺的评价。从老年人当前较低的经济保障评价，较低的社会参与程度以及对生活中各种问题的担忧程度来看，可以判断大部分农村老年人对养老是担忧的。因此，农村老年人需要转变养老观念，增加养老储备，“养儿防老”的传统养老模式已经不适应现代生活。

5.3.2 社交能力

5.3.2.1 情感转移

人是社会性的动物，离不开人与人之间的相互依赖和联系，如果交际能力比较强、社交圈比较广，创造力也就更强，朋友也就更多，生活也就更加充实。对于职业人士而言，退休意味着职业角色的中断、社会联系的萎缩、成就感的丧失。终日无所事事，导致老年人产生心理落差，将使他们变得特别看重他人、社会对自己的尊重和关爱。随着成年子女的离开而形成空巢生活、一旦丧偶的无所适从，这些问题和困难所产生的负面情绪，如孤独、空虚、无助使得老年人更愿意封闭自己，但又不断进行自我暗示，自己是有用的，是有价值的。一些老年人（尤其是女性）进而将感情和生活重点完全转移至子女身上，虽然从老年人的角度出发，没有什么不对，但随着老年人对子女情感依赖得越来越强烈，希望能在子女身上得到的情感回报也就越来越多，希望通过对子女的关心和牵挂来引起子女对自己更多的重视和爱，殊不知过度牵挂会使老年人长时间处于紧张、焦虑的状态中，患有高血压和心血管疾病的老年人很容易因得不到预期的希望值而发病；对子女而言压力就更大，子女有可能因此而疏远老人，表现出厌烦的情绪。

作为长者，老年人要学会以一种正常的心态与儿孙相处，即适度关心、适度放手、适度分离，建立属于自己的社交圈和交际网。作为晚辈，认为老年人事事都要插手、件件都要当家，是独断专行的老派家长作风的想法是错误的，这是对老年人的误解，做子女的应当怀着同情理解的心态与老年人多沟通，不能把老年人的牵挂当做负担而疏远。同时也应该看到，老龄化社会的养老困局，仅仅依靠子女“常回家看看”来解决，还远远不够，也不太现实。

5.3.2.2 建立自己的社交圈

成功的老年人是愿意主动进行社会交往的。积极参与社交将有助于身体健康，增强生活自理能力和应付问题的能力[145]。据新华社报道，美国拉什大学医学中心的研究人员对1138位平均年龄为80岁的老年人进行了为期5年的跟踪研究，结果发现，在5年时间内，积极参加社交活动的老年人只有1/4出现了认知能力下降的情况，而在较少参加社交活动的老年人中，多数人出现了认知能力障碍[146]。通过参加社交活动，可以打破封闭状态，获得各种信息；可以驱除孤独，丰富生活，促进心理平衡；可以开阔眼界，活跃思维。能给自己更多的机会，从中结交志同道合的朋友，以满足社交层面的需求，同时也借此参与过程回馈社会、实现自我的老年人，便是理想的成功老年人。

共同爱好是社交的基础。英国做过一次调查，发现70岁以上的老年人最快乐，因为他们逐渐摆脱了生活负担，可以更多地关注自己的爱好[147]。园艺如今

是英国老年人社交、排解孤单、改善情绪的最佳途径之一。老年人很享受每天在自家后院里剪花草、种蔬果的日子，和邻居讨论种植瓜果的经验，交换蔬菜水果，既有成就感，又增进了邻里感情。集体舞蹈是目前住区中老年人普遍爱好的集体活动之一。在住区中常常可见到老年人（尤其是女性）在一起跳集体舞蹈。这种锻炼有几大好处，既可以活动筋骨，强身健体；相对固定的社交圈，又可以增进了解和熟悉程度，为其他意外事件的相互帮助创造条件；还可以消耗多余的闲暇时间，使生活过得充实饱满。打牌、下棋、遛弯是一部分喜欢安静的老年人的选择。住区中若干老年人围着几张桌子打扑克、摸麻将，每张桌子有 4 个人在玩，大多数都在“观战”，这是我们常看到的场景。

如果没有业余的兴趣爱好，也可以尝试重新开始学习，写出成功人生。古语曰：“少而好学，如日出之阳；壮而好学，如日中之光；老而好学，如炳烛之明。炳烛之明，孰与昧行乎?”老年人学习，如同黑夜中在路灯的指引下行走，相比摸黑前行，总好得多吧。这是古人的比喻，告诫人们，活到老、学到老，终将发现很多奇迹。书籍阅读，能让老年人在知识中找到精神寄托，内心世界充实；兴趣培养，广交朋友、能获得更多的友谊；职业技能训练，将学到更多的本领，帮助更多的人，从而体会到自身价值所在。终身学习活动的参与，除了有助于延缓老化现象之外，也开拓了高龄者参与社会的管道，进而迈向成功老化。

5.3.3 再就业

在现实社会中，人们会变老，从另一个角度来看，全职工作的终止正好给予老年人以全新生活的机会。社会学者认为，工作角色的保持与发展可以使人获得更多的社会资源，角色的参与是社会功能得到巩固的前提条件。当老年人退出工作角色之后，也就意味着社会功能的衰退。再就业可以恢复他们因退休而丧失的角色，或者说恢复以前的角色，即“角色继续”。

通过向老年人提供再就业的机会，使老年人重新获得资源，以增加其自信心和独立意识，这样也可以使他们的生活恢复活力，继续为社会作出贡献，继续体现出其生命的价值。让老年人处于退而不休的状态，而不是扮演无足轻重的角色。在退休生活中，常说的“老有所为”的深刻含义也就在此。

5.3.3.1 *他山之石*

瑞典在老年人发挥专长、再投身社会工作方面已卓有成效。早在 2003 年，瑞典议会便专门成立了“老年人委员会”，并出台了指导性文件《未来老年人政策》，该文件明确指出：“老龄化社会意味着瑞典史无前例地出现了一个规模庞大的老年人群体，为此，瑞典各界应鼓励老年人以各种形式为社会做出贡献，使他们成为一种新的劳动力资源而造福社会。”在瑞典，工作被视为人们的一种权利，人们愿意工作，热爱工作，在应对失业等问题上，瑞典政府更多的是采用积极的政策。于是，瑞典很多老年人在退休以后又开始了“第二次创业”。有的老年人则找到一些雇主，主动要求从事那些强度不大却必需的工作，例如斯德哥尔摩一家出版公司的校对人员多数都是年近古稀的老年人，他们不大计较收入多少，还有部分精明的商家则把退休老年人请回来做顾问。

英国政府通过高额奖励手段，鼓励50岁以上的失业者接受专门的寻找工作方案。据统计2002年，共有6万老年人在22个月的时间里找到了工作[133]。在英国，劳动力市场的供需情况决定老年人的就业率需求是否增加，到了布莱尔任首相期间，英国政府开始关注积极老龄化政策的实施，其制定的政策主要围绕三个方面：第一，为中老年员工提供继续学习的机会；第二，政府为老年人提供帮助，以便于他们找到工作；第三，制定惩治年龄歧视的法律制度。

日本千叶县有一个名叫“我孙子”的城市，该市有一个老年人的职介中心——银色人才中心[148]，退了休的老年人都可以到职介中心去报名，然后获得一个工作机会，比如捡拾垃圾、修理草坪等。由于这些职业的收入比年轻人要求的少一些，所以很多企业愿意提供这样的岗位给老年人，同时也节省了很多成本。据了解，银色人才中心是日本全国连锁性质的老年人职介中心，在日本的许多城市都有。对于这样的老年人职介中心，日本的政府部门给予了资金和政策上的扶持，工作人员的身份也相当于准公务员。整个“我孙子”市一共有13万人口，在这个职介中心报名的就有600多名老年人。那些短期或者临时的工作更适合老年人，可作为他们生活中的一种调剂，尽管总的收入不高，但大部分老年人都不太介意。对于一些公益事业，很多老年人还常常以志愿者的身份参与。当然，如果能够把工作和自己的兴趣爱好相结合，同时还能增加点收入，就成了一件更加愉快的事情。

相信每一位老年人都是特殊的，年轻时截然不同的社会经历和生活体验塑造了老年人独特的世界观，也使得老年人要比其他任何年龄阶段的人具有更大的差异性。部分老年人的老年阶段是一段积极活跃的经历，是结识朋友、发现新机遇和体会新经验的时候，他们到相当大的年龄仍保持积极忙碌地生活，完全融入他们周围的社会中；而另一些则退缩在他们自己有限的世界中，被排斥在主流社会之外的他们的晚年意味着忍受与等待死亡。

只有积极参与社会，才能使老年人重新认识自我，保持生命的活力，扮演一种社会角色，获得一定的社会地位，重新确立自身的价值，在为社会继续奉献的同时，精神上获得一种慰藉、满足，增强自信心，从而保持一个良好的心态，度过自己的晚年生活；即使是身体特别孱弱的老年人，也可以其智慧与认知，通过自我塑造，为自己的生活赋予新的意义，为自己的人生增添新的价值。这样的老年人无疑是成功的。

5.3.3.2 社区的力量

2003 年著名的“银龄行动”[149]是在我国老龄工作委员会的组织协调、宏观指导下，由全国各地方老龄工作委员会办公室牵头、民间团体参与、有关部门支持的全国首次老年知识分子再就业大型活动，取得了可喜的成果。为促进老年劳动力资源发挥效益，宜建立长效机制，建立老年人才信息库和老年人才市场，这样可以方便统筹管理，也可以更快捷地给用人单位介绍推荐。对于那些从事简单劳动的老年劳力，可以通过老年人才市场的平台解决再就业。老年人才市场可以帮助老年人找到合适的工作，提供就业机会，同时也可以成为老年人交流经验的一个场所。

社区的力量在老年人再就业领域应该得到更充分的发挥，社区也是为老年人再就业提供机会的一个重要途径。个人可以通过社区寻找或是自己创造再就业的机会，而政府可以通过社区推行其政策。社区是将老年人个体与社会连接起来的桥梁，是由上至下的指导和由下至上的信息反馈的一个中介点。用人单位如果需要劳动力，尤其是简单体力劳动等方面的工作，用人单位通常会将用人信息提供给社区，再由社区寻找合适人选，推荐给用人单位。社区人才服务平台的优势是社区对辖区内的居民了解全面，可给急需经济补助的老年人提供机会，防止诈骗，为用工的诚实性提供保障。同时，老年人再就业也可以帮助社区自身的发展和建设。社区也可以给老年人提供更多形式的就业机会。一个社区的卫生、治安、绿化都是需要居民来维护的，社区可以针对一些工作任务设立相应的岗位，由有需要经济援助的老年人来完成。这样不仅拓宽了老年人再就业的途径，也完善了社区的建设，节约了社区的经费开销，同时也加强了老年人对本社区的归属感和认同感。

一些高龄老年人身体状况不是很好，在白天家中无人的情况下需要他人的照料。目前不少社区建立自己的日间托老所。很多社区在尝试建立一种“互助”模式。同龄人处于生命过程的同一阶段，他们经历了相同的时代，有着相同的体验，也就拥有相同或近似的价值观、人生观。雇请社会工作人员照顾老年人，不仅需要技术学习，传授经验，还需要培训他们感知老年人的心理活动，如果是同龄期的老年人之间相互照料，在一定程度上，护理人员和被护理人员将获得心理上的共鸣，那些身体状况较好的低龄老年人照顾身体状况不好的高龄老年人，或是多个老年人聚在一起互相帮助，不仅可以解决日间老年人看护的问题，减少人力物力的消耗，又排解了老年人的孤独寂寞，充实了他们的生活，可谓是一举多得。

根据离退休老年人自己的原有职业的特点，在社区内建立一个咨询互助点，可以提供健康咨询、法律咨询等咨询服务，也可以交流解决日常生活中遇到的问题。也有很多老年人是身怀特长的，例如社区可以将喜好乐器，热衷舞蹈的老年人组织起来，成立老年乐队、老年舞蹈团等，参加表演或庆典活动，既能满足老年人的兴趣，也可以给老年人带来额外的收入。

促进老年人再就业、开发老年劳动力，应该从政府、社会和个人三方面入手。政府制定相应的政策和法律，从宏观上指导和监控老年人再就业的状况；社会利用媒体手段，大力营造一种积极良好的社会氛围和舆论环境，充分开发和利用老年劳动力资源，为老年人再就业提供机会；老年人自身转变思想，在接受社会帮助的同时服务于人，积极投身到社会生活中去，将获得意想不到的快乐。

5.3.3.3　再就业的风险

老年人再就业的过程中会出现这样的问题：一方面，“银发精英”供不应求；另一方面，简单技术的老年人想再就业，面临着就业风险大、工作效益低、用人单位不愿启用等问题，同时他们还面临着缺乏就业保护和维权难度大的问题。据报道❶，2013 年 8 月某日，某市 72 岁环卫工人因中暑身亡，7 名超过 70 岁的环卫工旋即被劝退。环卫工人大部分为失地农民，很多由于年长，难以重新学习城市生活技能，虽每月有一定养老金，但远不够生活开支，只能作为“临时工“参加保洁工作，却缺乏就业保护和社会保障。

现阶段，我国老年人再就业与社会的就业形式之间存在着一定的矛盾。目前我国青壮年劳动力资源十分丰富，每年有大量新增加的劳动力人口需要安排就业。从就业岗位总数来看，老年人再就业与年轻人就业之间似乎存在着矛盾，而深入研究则会发现，老年人再就业的工作选择与年轻人的工作选择不在同一个范畴内。老年人再就业分两个极端：一是低技能岗位，年轻人不愿意干的，如保安、保洁；二是高技能岗位，年轻人技能不够，干不了的。在某些特殊领域，如科技、教育、文化、医疗等工作岗位，仍然需要有经验、有专长的资深工作者，老年人的经验财富是其他条件不可替代的，社会对于有专业知识和技能的老年人仍然是有需求的。老年人以其深厚的社会阅历、娴熟的劳动技能和丰富的工作经验，不需要花太多的时间和很多的财力培训，即可顺利上岗，使其有效发挥作用。

在我国，虽然劳动力供给呈现过剩的局面，但是一个健康的人才结构，必定是一个多元化的结构，才能够使各个年龄阶段的人发挥自身的优势，取长补短相互促进，这样的社会才能更加具有活力。不论从哪方面讲，老年人再就业是可以在一定程度上补充劳动力资源的。

5.3.4　社会贡献

人们从客观的层面，从生理、心理和社会参与程度界定成功老化的程度；从

---

❶信息来源：http://www.chinanews.com/gn/2013/08-19/5175647.shtml。

主观的层面，从主观幸福感来评价影响成功老化的因素。本书的研究成果是：社会贡献的大小才是衡量成功老化的终极标准。

5.3.4.1 抚养与赡养

抚育子女是最必要的社会贡献。教育子女是成功老化的前提条件。纵观我国的传统思想，孝道伦理是基于人的血缘亲情之爱，指子女对父母的赡养、尊敬以及死后缅怀。

物质生活层面的赡养是“孝”的最低要求。“事父母，能竭其力；事君，能致其身；与朋友交，言而有信。”（《论语·学而》）所谓“能竭其力”，是要求子女尽自己的能力为父母提供较好的物质生活条件。精神生活层面的赡养是“孝”的高层次要求。“今之孝者，是谓能养；至于犬马，皆能有养，不敬，何以别乎?”（《论语·为政》）所谓“不敬，何以别乎”是指如果不尊敬父母，则养父母与养动物没什么区别。以上均强调子女对父母的赡养。

“鸦有反哺之义，羊有跪乳之恩。”是人们常用来教导子女反哺父母养育之恩的名言，但从另一个角度来理解这句话的内涵，可以说赡养和孝顺是建立在父母对子女的抚养和教育基础上的，若是亲子教育不当，当年轻的父母变老时，则会出现“思尔当雏日，高飞背母时，当时父母念，今日尔应知”的情形。可以设想，当今6000万留守儿童[150]远离父母的亲情爱护，将来成年，要求他们履行赡养父母的责任，将是一个值得深思的问题。如果说经济赡养是法律规定的义务，“精神赡养”则具备法律难以操作的困难。据调查，农村老年人情感慰藉缺失的情况极其严重，孤寂落寞成为生活常态，较之物质生活，他们的精神生活更为欠缺。分析其原因，亲子教育缺失是主要因素。如果把时间往前推30年，再考察如今的老年人、当年的父母是如何对待子女的，便可得到答案。若是年轻时只忙于生计，没有闲暇时间也没有精力参与亲子教育，与子女交流过少或是简单打骂，渐渐地，父母与子女之间的情感就淡薄了。子女冷淡父母，与家庭教育直接相关。据报道❶，2012年3月某日，一年轻的父亲对6岁幼子没有完成当天作业而暴力“施教”，以至该幼子昏迷致死。这虽然是一个极端的个案，但“棍棒底下出孝子”的做法，在我国仍大有市场，可能导致子女成年后漠视父母，缺乏家庭温情的老年人难以列入成功老化的行列。

孩子在成长过程中，父母亲自抚育，同时学习亲子方法，在幼儿早教和青春期这两个阶段尤为突出和重要。一个孩子的健康成长与父母对孩子早期的亲子教育密切相关。掌握正确的亲子教育方法，不仅关系到孩子身心的健康成长，决定着孩子今后的人生方向，也是日后父母被赡养的情感基础。可以说，亲子教育在前，亲情赡养在后（见图5-4）。抚育子女，为社会培养合格人才，是所有公民

❶信息来源：http：//baike. baidu. com/view/8410912. htm。

应尽的义务和必须担当的社会责任，也是最必要的社会贡献。完全可以这样说，每一个不孝顺的孩子，都有两位不成功的父母。当我们倡导三代同堂或三代同邻的理念，让高龄者老有所养、老有所终，承认“家有一老，如有一宝”之真谛，尊重并善待家中的高龄者，进而发扬家庭伦理，彰显中国传统孝道之美德，让高龄者有尊严并安享晚年时，更需要倡导亲情教育，倡导长者对幼者的爱护。“老吾老”同时还要“幼吾幼”，情感依赖是双方的。当代老年人不像在传统经验式农业社会中的老年人，有较高的地位和权威，普遍受到尊敬，若需要得到晚辈的爱戴和慰藉，主要依靠情感的支持。

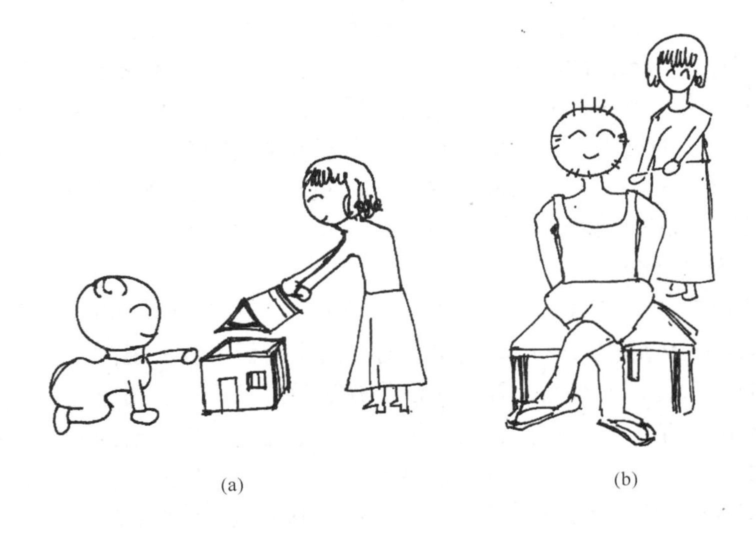

(a) (b)

图 5-4　亲子教育与亲情赡养

（a）亲子教育在前；（b）亲情赡养在后

5.3.4.2　老年志愿者

社会贡献的另一种形式即是充当老年志愿者。志愿者又名义工（我国称为志愿者，发达国家称为义工），即公益性的、不求报酬地为社会做贡献的人士。他们可以是在社区做力所能及的工作；也可以是利用本身特长优势传授知识和人生智慧；还可以是帮助那些需要帮助的人。能够成为老年志愿者的人，无疑是成功老化的人士。

志愿者自古以来就存在，古时候的赠医施药可被视为志愿者的雏形。西方志愿者起源基于罗马时代的博爱精神和基督教的宗教责任及救赎的观念。19 世纪初西方国家宗教性的慈善服务，为志愿者制度奠定了基础。志愿活动至今已经存在和发展了 100 多年，志愿者制度的确立可追溯至第二次世界大战后的福利主义，当时工业大规模扩张也产生了诸如贫困、失业等一系列社会问题，一些道德水准较高的群体，包括学者、学生、有爱心和有利他精神的宗教人士、商人等，

自发组织起来，参与到慈善事业和社区服务当中。义务扶贫救困，是志愿者最早的雏形，其核心精神是“自愿、利他、不计报酬”，通过义务工作表现出人性的爱及弘扬宗教的善性。近年志愿者制度的确立，是为了弥补政府对社会支援的不足，结合政府、商界及民间的力量为社会上有需要的人士服务。联合国将其定义为“不以利益、金钱、扬名为目的，而是为了近邻乃至世界进行贡献的活动者”，指在不为任何物质报酬的情况下，能够主动承担社会责任而不关心报酬，奉献个人的时间及精神的人。

简单而言，志愿者的活动可分为三种类型：第一种是个人行为，自愿奉献帮助他人的行为；第二种是集体行为，具有组织性的利他行为；第三种是基于社会公益的参与行为。志愿活动的积极意义在于：志愿者通过参与志愿工作，有机会为社会出力，志愿者在把关怀带给他人的同时，传递了爱心，尽到一份公民的义务，在帮助他人的过程中丰富生活经验；志愿者利用闲余时间，参与一些有意义的工作和活动，可以扩大自己的生活圈子，更加深对社会的认识；增强自信心，提供了社交和互相帮助的机会，加强了人与人之间的交往及关怀，降低了彼此间的疏远感，促进社会和谐。

设在华盛顿的无党派智库——城市研究所最近在一项研究中揭示，55 岁以上的美国人在退休后很长一段时间里仍对社会生活做出巨大贡献。他们花时间照料年老体弱的亲属，还有数百万人在孩子放学后到父母下班回家之前负责照料他们。其他美国老年人还为教会、慈善机构和文化场所奉献自己的时间和精力。许多美国人退休以后并不是以休闲、旅游和娱乐等活动来打发时光，而是选择去当义工。美国退休者协会的调查显示：有 1/4 年龄在 65 岁以上的美国人每周平均做 4 个小时的义工。而做义工的退休人员一般有以下特点：具有高中以上教育程度，有技术专长，身体好，有固定收入来源。老年人在力所能及的条件下，乐于助人，不仅是自己开朗性格的体现，还是获取成就感和满足感的途径，更能体现自身的价值。做义工纯属一种乐趣，使自己感到时时融入社会，时时与人交流，从不孤独，活得踏实，一旦帮助某个人摆脱了困境，自己也会兴奋好几天。有 6 种义工是退休人员最喜欢做的：一是家教，许多留美人士的英语都是义工老师辅导的，这些老师百分之百是退休人员。二是在公共场所提供服务，如在医院承担一些送水的工作。三是参与公益事业筹款集资活动。四是参加社团组织，监督公司企业的经济活动。五是做一般性的办公室文秘工作，帮助收发来往信件。六是帮助接送社区的孩子、病人。

5.4 结　　语

老龄化是我们不得不面对的一个现实。界定成功老化的标准，对个体而言是社会贡献的多少。乐于奉献、超越自我是最好的成功老化标志。如果老年人可以不断自我完善，则晚年生活的幸福感会同步增加。自我实现是需求层次的最高境界，马斯洛认为自我实现包含两层含义，即完美人性的实现和个人潜能的实现。如果说年轻人以此为目标，可以为之不断努力不断进取的话，老年人可能会认为“实现自我”已是遥远的过去，内心将泛起一种不安和沮丧，表现出的是消极和偏执的行为。但是，当老年人建立起一种可以使其在精神上超越自身有限性的信仰时，例如建立以爱国爱党为中心的社会主义核心价值观，认为个人价值应该建立在为人民服务、为大众牺牲的精神上的信仰，生命就能获得了一个向上提升的垂直向度，也得到了水平或横向扩展和内容充实的空间，这便是积极成功的人生，也是老年人成功老化的最高境界。总之，乐于奉献，超越自我，就是最成功的老化。

参 考 文 献

[1] 中华人民共和国统计局人口普查数据[EB/OL]. http://www.stats.gov.cn/tjsj/pcsj/.

[2] 张维娜. 关于日本“少子化”现象的分析[J]. 山东大学学报（哲学社会科学版），2003(3):113～115.

[3] 朱勇. 少子·老龄化背景下的我国机构养老问题研究[D]. 成都：西南财经大学，2007.

[4] 波士顿报告称我国退休人员40年后将达4.4亿[EB/OL]. http://news.sina.com.cn/c/2012-04-25/145724328364.shtml.

[5] 安素霞. 收获人口红利，应对老龄化社会[J]. 特区经济，2007(3):227～228.

[6] 黄文忠. 我国人口老龄化的法律应对研究[J]. 河北法学，2012(12):185～186.

[7] 胡永琴. 人口老龄化背景下城市社区养老机制研究[J]. 哈尔滨市委党校学报，2008(6):6～8.

[8] 陶澈. 我国城市混合老年社区规划研究[D]. 广州：华南理工大学，2012.

[9] 张奇林，赵青. 我国社区居家养老模式发展探析[J]. 东北大学学报（社会科学版），2011(5):416～420.

[10] 杨翠迎，冯广刚，任丹凤. 人口“双龄化”背景下对我国养老保障制度建设方向调整的思考[J]. 西北人口，2010(3):1～7.

[11] 李万郴. 老龄化对湖南人口安全的影响及对策研究[EB/OL]. http://zt.rednet.cn/c/2010/08/20/2043447.htm.

[12] 张恺悌. 中国城乡老年人社会活动和精神心理状况研究[M]. 北京：中国社会出版社，2009.

[13] 周敏，杨勇，李莉. 基于心理行为分析的老年人居住环境设计研究[J]. 北方园艺，2011(24):130～132.

[14] 王红霞，陈显久，殷凤，等. 山西省城乡老年人日常生活态度及能力的主观评价[J]. 中国老年保健医学，2009(5):70～71.

[15] 郭泮溪. 孝与我国人口文化传统生育观[J]. 人口学刊，1999(3):23～26.

[16] 王聪聪. 86.4%受访者期待未来十年国家加大老人护理投入[EB/OL]. http://news.sohu.com/20121113/n357419889.shtml.

[17] 赵欢，韩俊莉. 人口老龄化背景下我国高龄老人津贴制度的发展[J]. 重庆科技学院学报（社会科学版），2012(14):67～68.

[18] 宋阳. 浅谈人口老龄化对我国个人消费市场的影响——关于区域生产能力对可持续发展影响的研究[J]. 企业导报，2012(12):95.

[19] 龙梦洁. 人口老龄化背景下商业保险对完善养老保险制度的作用[J]. 保险研究，2007(8):30～32.

[20] 老年人的患病率一般比青壮年人群高[R].

[21] 孙明艳，刘纯艳. 关于城市社区老年人日常医疗消费的调查与分析[J]. 天津医科大学学报，2005(1):30～32.

[22] 洪震，周玢，黄茂盛，等. 阿尔茨海默病的保护因素——运动和户外活动[J]. 中国临

床康复，2003(1):24～25.
[23] 穆光宗．老龄人口的精神赡养问题[J]．中国人民大学学报，2004，4：124～129.
[24] 中尾哲也，中尾宽子，董玉库．关于住宅居住舒适性的调查研究（下）[J]．室内设计与装修，1996(2):48～51.
[25] 俞金尧．欧洲历史上家庭概念的演变及其特征[J]．世界历史，2004(04):4～22.
[26] 邹芝．古罗马家庭研究[D]．上海：上海师范大学，2009.
[27] 比尔基竣．家族史[M]．北京：生活·读书·新知三联书店，1998.
[28] 斯奇巴尼．婚姻、家庭和遗产[M]．费安玲，译．北京：中国政法大学出版社，2001.
[29] 迈克尔·米特罗尔，雷达因哈德·西德尔．欧洲家庭史[M]．北京：华夏出版社，1987.
[30] 刘勇．中西方养老文化的初步比较研究[D]．成都：西南财经大学，2006.
[31] 瑞典的老年社会保障制度[EB/OL]. http：//www. hl60. com/index. php？ option = com_content&view = article&id = 464：ruidian&catid = 34：policy-and-regulation&Itemid = 69.
[32] 中宏数据库来源，上海发展改革信息网．瑞典养老保障模式的启示[EB/OL].［2009-11-19］. http：//www. fgw. gov. cn/fgwjsp/shms_ content. jsp？ docid = 360455.
[33] 凌先有．瑞典的养老社会保障服务体系[EB/OL]. http：//2004. chinawater. com. cn/grzl/lxy/1/20080724/200807240024. asp.
[34] 潘屹．从北欧、英国的社会照顾看中国社区照顾服务业的发展[EB/OL]. http：//www. mca. gov. cn/article/mxht/llyj/200803/20080300012829. shtml.
[35] 严建卫．德国改革养老制度探索多元化养老服务[EB/OL]．文汇报．
[36] 席丰．各国养老经验[J]．政府法制，2010（12）：39.
[37] 吴洪彪．美国和加拿大养老服务业考察报告[J]．中国民政，2010(07):23～25.
[38] 陈功．我国养老方式研究[M]．北京：北京大学出版社，2003.
[39] 徐扬杰．宋明家族制度史论[M]．北京：中华书局，1995.
[40] 史凤仪．中国古代的家族与身份[M]．北京：社会科学文献出版社，1999.
[41] 豆霞，贾兵强．论宋代义庄的特征与社会功能[J]．华南农业大学学报（社会科学版），2007(03):107～111.
[42] 徐扬杰．宋明家族制度史[M]．北京：中华书局，1995：102，12～13.
[43] 马春华．变动中的东亚家庭结构比较研究[J]．学术研究，2012(09):33～41.
[44] 邱红．日本人口少子化与养老金制度改革[J]．人口学刊，2006(6):30～33.
[45] 王寸石．日本养老护理保险制度研究[D]．长春：吉林大学，2012.
[46] 孙淑芬．日本、韩国住房保障制度及对我国的启示[J]．财经问题研究，2011(04)：103～107.
[47] 张天宇．从日本老年住宅的发展看如何建立我国老年居住体系[J]．工业建筑，2011，41(增刊):58～61.
[48] 陈茗．日本老龄产业的现状及其相关政策[J]．人口学刊，2002(06):7～11.
[49] 胡仁禄．美国老年居住建筑发展概况[J]．住宅科技，1990，(10):45～47.
[50] 金辰洙，叶克林．韩国老龄化与养老保障制度[J]．学海，2008(4):194～201.
[51] 全国老龄办赴新加坡考察团．新加坡老龄工作考察报告[R]. 2011.
[52] 胡灿伟．新加坡家庭养老模式及其启示[J]．云南民族学院学报（哲学社会科学版），

2003，20(3)：35～38.

[53] 城市[EB/OL]. http：//baike. baidu. com/view/17820. htm.

[54] 麻国庆. 家与中国社会结构[M]. 北京：文物出版社，1999.

[55] 田炳信. 中国第一证件：中国户籍制度调查手稿[M]. 广州：广东人民出版社，2003.

[56] 陆益龙. 户籍制度：控制与社会差别[M]. 北京：商务印书馆，2003.

[57] 杨翠迎. 农村基本养老保险制度理论与政策研究[M]. 杭州：浙江大学出版社，2007.

[58] 本刊编辑部. 养老金公平性之忧[J]. 商周刊，2013(5)：16～19.

[59] 我国新型农村社会养老保险制度构建来源[EB/OL]. 中国社会科学在线.[2012-08-03]. http：//www. csstoday. net/Item/18844. aspx.

[60] 路锦非. 从国际养老金制度评价体系看中国养老金制度的问题及对策[J]. 华东经济管理，2012(03)：42～45.

[61] 全国土地利用总体规划纲要(2006～2020年)[EB/OL]. http：//www. gov. cn/jrzg/2008-10/24/content_1129693_2. htm.

[62] 国家统计局. 第五次全国人口普查主要数据公报[EB/OL]. http：//www. stats. gov. cn/tjgb/rkpcgb/qgrkpcgb/t20020331_15434. htm.

[63] 张明敏. 试论建立我国农村养老保险制度[J]. 农业科技与信息，2010(04)：58～59.

[64] 沈年耀. 我国农村传统养老方式对当前建立社会养老保险制度的影响[J]. 襄樊学院学报，2008，29(6)：19～21.

[65] 王跃生. 城乡养老差异及代际关系若干特征[N]. 北京日报，2012-06-04(1).

[66] 阳林杰. 湘南传统民居对现代建筑设计的启示——湘南别墅设计研究[D]. 长沙：湖南师范大学，2009.

[67] 董克用，王燕. 养老保险[M]. 北京：中国人民大学出版社，2000.

[68] 福利分房时期的代表住宅——王村煤矿：空寂之城的集体记忆——即将拆掉的上世纪70年代的旧住宅楼[EB/OL]. http：//www. cuheri. com/a/zazhi/tbch/2011/0314/825. html.

[69] 钟武耀. 城市社区建设中的群众缺乏参与积极性问题探因[J]. 广西师范大学学报（哲学社会科学版），1999(S1)：10～14.

[70] 林文方. 住宅平面（套型）设计探讨[J]. 中外建筑，2001(05)：31～32.

[71] 2000年以后商品房的典型户型2[EB/OL]. http：//down6. zhulong. com/tech/detail-prof836810jz. htm.

[72] 孙炳耀，常宗虎. 中国社会福利概论[M]. 北京：中国社会出版社，2002.

[73] 梁鸿，等. 人口老龄化与中国农村养老保障制度[M]. 上海：上海人民出版社，2008.

[74] 彭湘红. 城市机构养老服务的供求研究——以长沙市为例[D]. 长沙：湖南师范大学，2010.

[75] 郑功成. 社会保障学[M]. 北京：中国劳动社会保障出版社，2005.

[76] 阎青春. 解析《中国老龄事业发展“十二五”规划》[J]. 社会福利，2011(12)：13～16.

[77] 叶锋. 农村生活保障现状及对策——宿豫农村生活保障情况调查[J]. 甘肃农业，2005(08)：21.

[78] 李薇辉，傅尔基. 创新上海住房保障体系的构想[J]. 上海经济研究，2007(4)：67～76.

[79] 申曙光，龙朝阳．要更加重视老年经济保障体系的建设[J]．经济纵横，2010(9):38～41.
[80] 傅三莎．自有住宅与租赁住宅居住质量差异化实证研究——以杭州市为研究对象[J]．福建论坛（社科教育版），2009(12):90～91.
[81] 新老年人权益保障法[EB/OL]．http://china.findlaw.cn/info/hy/shouyangfa/shanyang/smsy/1043880_4.html#p4.
[82] 段伟．应对人口老龄化的居住区规划研究[D]．合肥：安徽建筑工业学院，2010.
[83]《城市居住区规划设计规范》(GB50180-93)(2002年4月1日起施行)[J]．城市规划通讯，2002(08):6～11.
[84] 张坡．公共政策的开放与城市公共服务体系的重建[J]．科教文汇（上旬刊），2007(7):136.
[85] 关于下发《中国城市实现"2000年人人享有卫生保健"规划目标》的通知[J]．中国初级卫生保健，1996(02):7～8.
[86] 吕璠．社区及老年卫生服务——启动为贫困老人发放"慈善医疗卡"社区卫生服务项目[R].2005.
[87] 高欣．我国数字化社区规划研究[D]．北京：北京工业大学，2006.
[88] 杜毅．计算机技术在构建数字化社区中的作用[J]．科技与生活，2010(16):145.
[89] 改革医疗服务方式，以社区健康管理模式构建和谐医患关系[C]//中华预防医学会第三届学术年会暨中华预防医学会科学技术奖颁奖大会、世界公共卫生联盟第一届西太区公共卫生大会、全球华人公共卫生协会第五届年会．北京，2009.
[90] 构建和谐医患关系靠全社会的共同努力:[C]//第6届中国名医论坛．北京，2006.
[91] 许鹏程，黄耀志．转变住区规划思想，促进邻里关系发展[J]．山西建筑，2009(11):18～19.
[92] 熊伟．住区规划中的适老化设计对策[J]．规划师，2012：89～92.
[93] 刘坤彦．浅谈居住区规划设计中人口老龄化问题[J]．河北建筑工程学院学报，2011(2):62～64.
[94] 刘立均，王婷．城市老年住宅开发建设研究——以河北省邯郸市为例[J]．住宅科技，2010(10):31～34.
[95] 安庆新，胡波．老年建筑防火设计[J]．武警学院学报，2001(4):33～35.
[96] 金莹．社区消防安全工作的探究[J]．科技与企业，2012(15):66.
[97] 孙猛．老年公寓消防设计改良对策[J]．广东建材，2012(11):51～53.
[98] 王波．加强城市公共消防设施建设工作刍议[J]．山西建筑，2012(28):277～278.
[99] 杨文斌，韩世文，张敬军，等．地震应急避难场所的规划建设与城市防灾[J]．自然灾害学报，2004(01):126～131.
[100] 刘少丽．城市应急避难场所区位选择与空间布局[D]．南京：南京师范大学，2012.
[101] 周长兴．城市地震应急避难场所研究[J]．北京规划建设，2008(04):22～24.
[102] 申俊云．浅议社区消防安全体系建设[J]．广西民族大学学报（自然科学版），2010(S1):8～10.
[103] 陈燕萍，周维．居住区汽车拥有率及出入口交通特征分析[J]．建筑学报，2007(4):41～43.

[104] Larry Lloyd Lawhon. The Neighborhood Unit：Physical Design or Physical Determinism？[J]. Journal of Planning History，2009，8：111～132.

[105] 叶彭姚，陈小鸿．雷德朋体系的道路交通规划思想评述[J]．国际城市规划，2009(4)：73～77.

[106] 王静香，张文．提高居住环境质量，合理组织户外活动空间——沙曼小区规划探讨[J]．哈尔滨铁道科技，1999(S1)：21～22.

[107] 王红霞，陈显久，殷凤，等．山西省城乡老年人日常生活态度及能力的主观评价[J]．中国老年保健医学，2009(5)：70～71.

[108] 饶小军．市井与梦想[J]．世界建筑导报，2013(01)：1.

[109] 胡佳文．市民视角与城市活力——读《建筑模式语言》与《建筑的永恒之道》[J]．长春理工大学学报（高教版），2009，4(4)：146～147.

[110] 李志明，袁野，王飒．城市“残余空间”与户外活动调研[J]．新建筑，2001(5)：57～59.

[111] 张亚萍，张建林．老年人户外活动空间设计[J]．中外建筑，2004(2)：88～91.

[112] 魏彤岳，田野，杨军．“傲慢”与“偏见”——柯布西耶“现代城市”理论在巴西利亚的实践评析[J]．规划师，2011(9)：187～191.

[113] 成斌．无障碍住宅设计研究[D]．重庆：重庆大学，2006.

[114] 战立光．当前中国城市集合式小套型住宅设计研究[D]．天津：天津大学，2009.

[115] 钱治科，韩勇．浅谈老年人卧室的无障碍设计[J]．青岛理工大学学报，2012(4)：115～118.

[116] 申黎明，贾祝军．现代厨房家具的无障碍设计[J]．西北林学院学报，2012(3)：218～223.

[117] 陈新，周勇．日本老人居住建筑中的卫生间设计研究[J]．华中建筑，2011(9)：79～82.

[118] 宣炜．老年卫浴设施的无障碍设计研究[J]．包装工程，2012(2)：39～42.

[119] 张建敏．住宅卫生间设计[J]．贵州工业大学学报（自然科学版），2007(3)：70～72.

[120] 陈新，周勇，赵丹．日本老年人居住建筑中的浴室设计研究[J]．新建筑，2012(1)：79～83.

[121] 张恺悌，孙陆军，等．全国城乡失能老年人状况研究[J]．残疾人研究，2011(02)：11～16.

[122] 于泽浩．城市失能老人家庭照料的困境及应对——以北京牛街为例[J]．社会福利，2009(04)：31～32.

[123] [美] 布拉福德·珀金斯，等．老年居住建筑[M]．李菁，译．北京：中国建筑工业出版社，2008.

[124] 林婧怡．老年护理机构的功能空间配置研究[D]．北京：清华大学，2011.

[125] 周燕珉，钟琳，林婧怡．养老设施中的公共浴室设计研究[J]．时代建筑，2012(06)：20～25.

[126] 陈红霞．当代老年公寓规划设计要点探讨[J]．无线互联科技，2012(04)：156～157.

[127] 中国人口平均预期寿命73.5岁，达中等发达国家水平[EB/OL]．http：//news.163.com/11/0711/10/78M67Q9300014JB6.html.

[128] 梅慧生．人体衰老与延缓衰老研究进展——人体老化的特征和表现[J]．解放军保健医学杂志，2003(01):49～51.
[129] 李远征．人体衰老的原因及抗衰老的应用[J]．泰山医学院学报，1983(03):97～102.
[130] 人体老化的十大改变[R/OL]. http://health. sohu. com/19/24/harticle16912419. shtml.
[131] 唐丹．中国老年人的老化态度[C]//中国心理卫生协会．中国心理卫生协会老年心理卫生专业委员会第九届学术年会论文集．
[132] 黎群武．生命退化论的哲学视野[J]．医学与哲学（A)，2012(04):17～21.
[133] 苏苏．退休老年妇女的成功老龄化研究[D]．桂林：广西师范大学，2012.
[134] 把社会负担转化为社会财富——萧灼基谈改善创业和就业环境促使社会负担转化为社会财富[J]．创业者，2006(3):50.
[135] Weber Ian. 社会区隔与都市和乡村社区的网络公民参与(英文)[C]//北京论坛：文明的和谐与共同繁荣——人类文明的多元发展模式．北京，2007.
[136] 谢泉峰．马克思、韦伯、涂尔干社会分层理论比较[D]．武汉：武汉大学，2005.
[137] 李强．社会分层与社会发展[J]．中国特色社会主义研究，2003(1):30～35.
[138] 刘庚常，彭彦，孙奎立．我国老年人口社会分层初探[J]．西北人口，2008，29(1):65～67，71.
[139] 农村半数儿女对父母麻木[EB/OL]. http://news. sohu. com/20060208/n241728321. shtml.
[140] 乔磊．美国人眼中成功的人生是啥[EB/OL]. http://blog. sina. com. cn/s/blog_5d8d68c10102ecy7. html.
[141] 邵爱仙，黄丽华，胡斌春，等．根据病人日常生活自理能力分级计算护理工作量[J]．中华护理杂志，2004(01):40～43.
[142] 谢国璀，朱树贞．老年人认知功能的影响因素[J]．现代中西医结合杂志，2013(12):1358～1360.
[143] 彭海瑛，郑志学，朱汉民，等．4510 名老年人认知功能调查结果的分析[J]．中国老年学杂志，1999(02):2～4.
[144] 李舜伟．认知功能障碍的诊断与治疗[J]．中国神经精神疾病杂志，2006(02):189～191.
[145] 汤哲，项曼君．北京市老年人躯体功能评价与影响因素分析[J]．中国老年学杂志，2003(01):29～32.
[146] 高原．美国研究显示社交活动能防止老人认知功能退化[J]．中国社会工作，2011(14):8.
[147] 园艺活动成老人社交重要途径［R/OL］. http://smsb. huanqiu. com/html/2011-10/14/content_2560827. htm.
[148] 高兰．城镇老人社会福利的国际比较及对我国的借鉴[D]．天津：天津财经大学，2009.
[149] "银龄行动"成就老有所为——发挥知识优势　实现老有所为——"银龄行动"综述[J]. 中国社会工作，2010(35):17～19.
[150] 赵丽，邱超奕．6000 万留守儿童人身安全如何保障[N]．法制日报．